Inhalt

Unterrichtspraxis
BIOLOGIE

Strukturierung · Materialien · Informationen

Band 8: **Stoffwechsel beim Menschen**

Autorin:

Isabell Krantz

Herausgeber:

Joachim Jaenicke · Harald Kähler

Aulis Verlag
Deubner & Co KG

Die Deutsche Bibliothek – CIP-Einheitsaufnahme

Krantz, Isabell:
Stoffwechsel beim Menschen / Autorin: Isabell Krantz.
Hrsg.: Joachim Jaenicke ; Harald Kähler. - Köln : Aulis-Verl. Deubner, 2002
   (Unterrichtspraxis Biologie ; Bd. 8)
   ISBN 3-7614-2287-3

Unterrichtspraxis Biologie · **Reihenübersicht:**

 1 Zellen · Bakterien · Viren
 2 Bau und Lebensweise von Blütenpflanzen
 3 Bau und Lebensweise von blütenlosen Pflanzen
 4 Stoffwechsel bei Pflanzen*
 5 Bau und Lebensweise von Wirbeltieren
 6 Bau und Lebensweise von Haustieren
 7 Bau und Lebensweise von wirbellosen Tieren
 8 Stoffwechsel beim Menschen*
 9 Sinnesorgane des Menschen*
10 Hormon- und Nervenphysiologie beim Menschen*
11 Menschliche Sexualität und Entwicklung*

12 Mensch und Gesundheit
13 Mensch und Umwelt
14 Grundlagen der Vererbungslehre
15 Grundlagen der Abstammungslehre
16 Grundlagen der Verhaltenslehre*
17 Wechselbeziehungen im Lebensraum Wald
18 Wechselbeziehungen im Lebensraum See*
19 Wechselbeziehungen im Lebensraum Moor*

* Bereits erschienen

Abkürzungen:

UE　=　Unterrichtseinheit
AMA　=　Arbeitsmittel für Arbeitsprojektion

L　=　Lehrer / Lehrerin
SuS　=　Schüler und Schülerinnen

Best.-Nr. 8378
Alle Rechte AULIS VERLAG DEUBNER & CO KG, Köln 2002
Umschlaggestaltung: Atelier Warminski, Büdingen:
Satz und Reproduktion: DTP-Studio Koch, Oberweißbach
Zeichnungen: Peter Kornherr und Brigitte Karnath-Eidner
Druck und Verarbeitung: Hans Kock, Buch- und Offsetdruck, Bielefeld
ISBN 3-7614-2287-3

Titelfotos (Dr. *Jaenicke*)
oben links: Schülerin mikroskopiert
oben Mitte: Moosblattzellen
oben rechts: Arbeitsprojektion eines Zellmodells
Mitte links: Stute mit Fohlen
Mitte: Blätter der Rotbuche im Gegenlicht
Mitte rechts: Feld mit Klatschmohn
unten links: Dukatenfalter auf Gänseblümchen
unten Mitte: Gartenteich
unten rechts: Gewässeruntersuchung

Vorwort

Mit der Buchreihe **Unterrichtspraxis Biologie** sollen den Lehrerinnen und Lehrern Unterrichtshilfen für den Biologieunterricht in den Klassen 5–10 aller Schulformen gegeben werden. Diese Unterrichtshilfen verstehen sich als Anregung für die Planung und Durchführung eines zeitgemäßen Biologieunterrichts.

Jeder Band dieser Buchreihe impliziert mehrere Unterrichtseinheiten zu dem jeweiligen Themenbereich. Der vorliegende Band Stoffwechsel beim Menschen enthält 5 Unterrichtseinheiten. Jeder Unterrichtseinheit werden Lernvoraussetzungen, ein Sequenzvorschlag inhaltlicher Schwerpunkte mit möglicher Zeitplanung sowie sachinformative Hinweise vorangestellt. Die Sachinformationen implizieren sachanalytische Aspekte, die aus Gründen der Übersicht im Glossarstil dargestellt werden. Sie können und wollen jedoch kein Schülerbuch ersetzen.

Eine didaktische und methodische Akzentsetzung mit unterrichtlichen Hinweisen erfolgt in den **Informationen zur Unterrichtspraxis**. Sie bilden mit den dazugehörigen **MATERIALIEN** den Schwerpunkt einer jeden Unterrichtseinheit. Dabei werden Lernschritte i. S. der Differenzierung alternativ angeboten. Die Strukturierung von Lernprozessen in Lernschritte erfolgt nach einem problemorientierten Ansatz i. S. naturwissenschaftlicher Erkenntnisgewinnung bei einem induktiv erarbeitenden Unterrichtsverfahren: *Beobachtung eines biologischen Phänomens → Problem → Bildung von Vermutungen* (Hypothesen) *→ Falsifikation bzw. Verifikation der Vermutungen → Ergebnis → Vertiefung und Ausweitung → Erkenntnis*. Von den resultierenden unterrichtlichen Phasen (*Einstieg mit Problemsituation → Lösungsplanung → Erarbeitung → Ergebnis → Festigung*) sind nur **Einstiegs- und Erarbeitungsmöglichkeiten** angegeben. Durch diesen Verzicht auf Stundenbilder bleibt der Freiraum für die Kolleginnen und Kollegen erhalten. Die Lernschrittsequenz ist nur als Vorschlag i.S. einer Anregung zu verstehen. Sie soll in übersichtlicher Form die Vorbereitung und Durchführung von Unterricht erleichtern. Daher wurde auch aus zeitökonomischen Gründen auf didaktische und methodische Begründungen sowie auf Lernzielformulierungen verzichtet, zumal diese Kriterien Gegenstand von Lehrplänen und Richtlinien sind.

Die Gliederung erfolgt übersichtlich in zwei Spalten: Die erste Spalte impliziert die Lernschritte, die zweite die zugehörigen Unterrichtsmittel. In der zweiten Spalte werden alle notwendigen Medien aufgeführt unter Integration der zugehörigen **MATERIALIEN** als Kopiervorlagen sowie der Medientasche. Die MATERIALIEN können als „Materialgebunde AUFGABEN", „EXPERIMENTE", „MODELLE", oder als „**A**rbeits**m**ittel für die **A**rbeitsprojektion" (AMA) konzipiert sein. Alle MATERIALIEN können jedoch unterrichtlich wie materialgebundene AUFGABEN verwendet werden. Die in der Kopfleiste angegebene Materialien-Form stellt die primär konzipierte dar, kann jedoch nach individuellem Ermessen auch verändert eingesetzt werden. Die materialgebunden AUFGABEN stellen nicht nur eine Arbeitsunterlage im Unterricht dar, sondern können als Hausaufgabe, in Arbeitstests oder als Bestandteil von Klassenarbeiten verwendet werden. Durch Kombination von mehreren materialgebundenen Aufgaben lässt sich z. B. eine Klassenarbeit erstellen.

Die in der Medienspalte aufgeführten Filme und Diareihen werden in der Rubrik **Medieninformationen** in der Regel durch Annotationen, Kurzfassungen und unterrichtliche Anmerkungen detaillierter dargestellt. Dies gilt ebenso für empfohlene, vertiefende, leicht zugängliche Fachliteratur wie Zeitschriftenartikel und Bücher.

Autor und Herausgeber sind sich dessen bewusst, dass Unterricht in freier Natur von hoher didaktischer und emotionaler Bedeutung ist, zugleich aber eine Beeinträchtigung bzw. Störung eben des Lebensraumes nicht auszuschließen ist, dessen Schutz und Erhaltung hochrangiges Ziel von Unterricht ist. So muss der Fachlehrer bzw. die Fachlehrerin mit Fingerspitzengefühl und hohem Verantwortungsbewusstsein von Unterrichtssituation zu Unterrichtssituation entscheiden, wie viel an Belastung dem aufgesuchten Biotop zugemutet werden kann. Auf jeden Fall müssen die diesbezüglichen Rechtsvorschriften beachtet und berücksichtigt werden.
Herausgeber und Autoren möchten mit dieser Buchreihe den Kolleginnen und Kollegen schüler- und praxisorientierte Hilfestellungen leisten bei der Planung und Durchführung eines zeitgemäßen Biologieunterrichtes.

Noch eine Bitte: Kein Autor, kein Herausgeber und kein Verlag sind gegen Fehler unterschiedlicher Art sowie gegen subjektive Betrachtung und Unzulänglichkeit gefeit. Daher bitten wir alle Benutzer von Unterrichtspraxis Biologie herzlich um Kritik; entsprechende Hinweise werden wir dankbar aufnehmen.

Die Herausgeber

Dr. Joachim Jaenicke   *Dr. Harald Kähler*

I. Unterrichtseinheit (UE): Ernährung

Lernvoraussetzungen:

Einfache Kenntnisse hinsichtlich gesunder Ernährung. Erfahrungen im experimentellen Bereich (die genannten Voraussetzungen können auch im Unterricht erworben werden).

Gliederung:

Die Pfeile geben die hier vorgeschlagene Unterrichtssequenz inhaltlicher Schwerpunkte dieser Unterrichtseinheit an. Es sind aber auch andere Sequenzen denkbar.

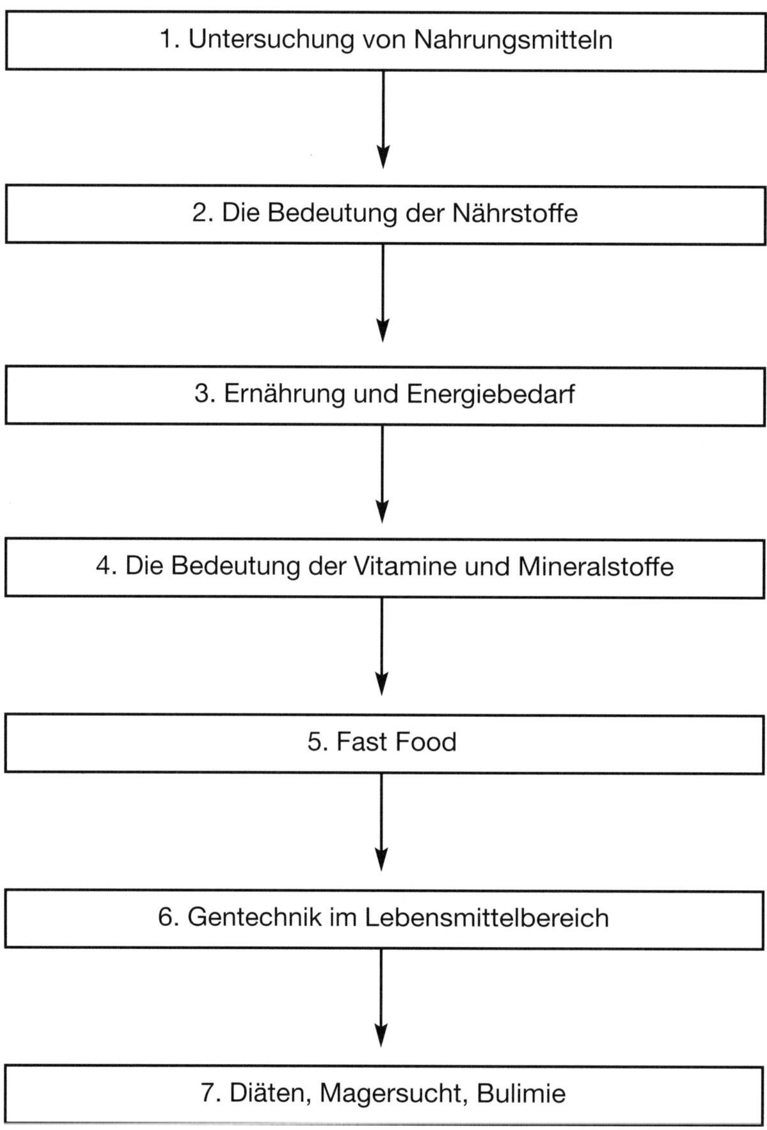

Zeitplan:

Für diese Unterrichtseinheit muss man 10–12 Unterrichtsstunden veranschlagen; die verkürzte Fassung, also ohne die Inhalte 5 und 6, kann man in 7–8 Stunden umsetzen.

I.1 Sachinformation

Ballaststoffe:

Als Ballaststoffe werden faserige Nahrungsbestandteile pflanzlicher Herkunft bezeichnet, die vom menschlichen Körper nicht verdaut werden können.

Bulimie (Bulimia nervosa):

(Ess-, Brechsucht oder Fress-, Kotzsucht)
Bulimia nervosa eine psychogene Essstörung, bei der exzessive, meist hoch kalorische Nahrungsmengen in kürzester Zeit zugeführt und anschließend Maßnahmen ergriffen werden, das Körpergewicht in einem (sub-)normalen Rahmen zu halten.
Es gibt viele Ursachen, die zu dieser Störung führen:
• geringes Selbstwertgefühl, mangelndes Selbstbewusstsein, nagende Selbstzweifel
• Gefühle von Einsamkeit und Leere kennzeichnen das Innenleben
• Fähigkeit bzw. Unfähigkeit Beziehungen aufzubauen, Freundschaften zu pflegen
deshalb wächst die Einsamkeit und Angst vor menschlicher Nähe und führt früher oder später zur Isolation von Innen und Außen.
Körperliche Schäden, die durch Bulimie hervorgerufen werden:
• Entzündung und Verletzung der Speiseröhre durch ständiges Erbrechen
• Zerfall des Gebisses durch Magensäure
• Nieren und Herz werden geschädigt
• Mangelzustände entstehen (Vitamine, Mineralstoffe)
• Wassereinlagerung im Gewebe
• Hautprobleme
• Monatszyklus der Frauen verändert sich
• Magen erweitert sich durch ständige Nahrungsaufnahme.
Rund 3,5 % aller Mädchen und Frauen der westl. Welt zwischen 15 und 35 Jahren (bei Männern 1,7 %) leiden an Bulimie, die Dunkelziffer ist hoch. Dabei ist Erbrechen nicht das einzige Mittel um die Nahrung wieder aus dem Körper zu treiben, Bulimiker greifen auch zu Abführ- und Entwässerungsmitteln.
Für Außenstehende ist die Krankheit sehr schwer erkennbar. Sie hat immer den gleichen Ablauf: Fasten – Fressanfall – Erbrechen – Schuldgefühle. Und das kann sich mehrmals am Tag abspielen, ohne dass es jemand merkt.
Bulimiker wollen ihre Krankheit oft nicht bekämpfen. Sie empfinden die Sucht als Teil von ihnen den sie nicht entbehren wollen, weil sie ihnen Ersatz für irgendetwas verschafft. Sie fühlen sich leer, sie spüren ein Loch im Bauch, das sie stopfen müssen und kotzen alles wieder aus: die Nahrungsmittel, ihre Probleme und ihre Ängste.
Auslöser für die Sucht sind meist Stress, Unzufriedenheit mit dem Körper, Enttäuschungen oder Auflehnung gegen die Eltern.
Die physischen Folgen können verheerend sein. Muskelschwäche, Nierenschäden und Zyklusstörungen treten auf. Auch stört das ständige Erbrechen den Elektrolythaushalt des Körpers und zerstört Zähne und Speiseröhre. Unter anderem können Herzrythmusstörungen auftreten, die im schlimmsten Falle bis zum Herzstillstand führen können.
Ebenfalls treten starke psychische Veränderungen auf. Der Bulimiker sucht die ständige Beschäftigung mit dem Essen und beginnt sich von Freunden und Familie abzukapseln.
Auf ihre Fressanfälle folgen Minderwertigkeitsgefühle und Selbstzweifel, welche von dem gescheiterten Versuch zu hungern provoziert werden.

Die Krankheit, die über Jahre hinweg dauern kann, kann im schlimmsten Falle zu psychotischer Desorganisation führen (von der Persönlichkeit des jeweiligen Menschen abhängig). Hungern kann wie ein Rauschgift wirken und ist eine Sucht wie jede andere auch. Es kann sogar bis zu einer Verschärfung der Sinneswahrnehmungen kommen, d. h. dass die hungernde Person in einen anderen Bewusstseinszustand eintreten kann. Wenn die Bulimie über viele Jahre hinweg beibehalten wird, integrieren sich die seelischen Auswirkungen in die Persönlichkeit und das Gesamtbild ist oft nicht mehr von der Schizophrenie zu unterscheiden. Die Bulimiker essen bei ihren Fressanfällen überwiegend Süßes. Ein grosser Teil des Einkommens wird für Essen ausgegeben. Auf die Dauer gibt es dadurch finanzielle Probleme. Bulimiker suchen Liebe und Hilfe, haben aber Angst abgelehnt und nicht verstanden zu werden und trauen sich deshalb nicht jemandem von ihrer Krankheit zu erzählen. Sie sehen keinen Sinn in ihrem Leben und haben das Gefühl nicht gebraucht zu werden.
Gegen die Bulimie kann man nur etwas unternehmen, wenn es der Süchtige selber will. Zwingen kann ihn niemand dazu, denn Bulimiker finden immer einen Weg unbemerkt zu erbrechen. In einer Therapie lernen die Bulimiker sich nützlich zu fühlen und ihren Lebenssinn zu erkennen. Sie lernen auch sich im normalen Leben wieder zurecht zu finden und sich richtig zu ernähren. Eine Therapie dauert 2–4 Jahre und wird in Gruppen abgehalten um den Bulimikern zu zeigen, dass sie mit ihrem Problem nicht alleine sind und über ihre Erfahrungen frei reden zu können.

Diät:

Der Begriff „Diät“ bezeichnet im fachlichen Sinne jede auf eine Erkrankung abgestimmte Ernährungsweise, umgangssprachlich steht er jedoch für eine kalorienreduzierte Kost mit dem Ziel der Gewichtsabnahme.

Eiweißstoffe:

Eiweißstoffe bestehen aus Aminosäuren, den essentiellen und nichtessentiellen Aminosäuren. Essentielle Aminosäuren kann der Körper nicht selbst aufbauen. Da sie aber lebensnotwendig sind, müssen sie mit der Nahrung zugeführt werden. Für die menschliche Ernährung ist Eiweiß umso wertvoller, je ähnlicher seine Zusammensetzung der des menschlichen Eiweißes ist. Je größer die Ähnlichkeit, desto höher ist die biologische Wertigkeit. Pflanzliches Eiweiß (Getreide, Hülsenfrüchte) ist biologisch weniger wertvoll und muss durch biologisch hochwertiges Eiweiß (Milch, Fisch, Fleisch, Ei) ergänzt werden. Daher sollte der Eiweißbedarf etwa zu 2/3 mit tierischem und zu 1/3 mit pflanzlichem Eiweiß gedeckt werden. Die Zufuhr sollte 10–15% des Gesamtenergiebedarfs betragen.
Erwachsene: etwa 1g Eiweißstoffe/kg Körpergewicht/ Tag
ältere Menschen: etwa 1,2 g Eiweißstoffe/kg Körpergewicht/Tag
Säuglinge, Kinder, Jugendliche: etwa 3,5–1,5 g Eiweißstoffe/kg Körpergewicht/Tag

Ernährung:

Die Aufnahme von Nahrungsstoffen, die ein Organismus zum Aufbau seines Körpers, zur Aufrechterhaltung seiner Lebensfunktionen und zum Hervorbringen bestimmter Leistungen braucht.

Energiebedarf:

Der Gesamtenergiebedarf setzt sich zusammen aus dem Grundumsatz und dem Leistungszuwachs oder Arbeitsumsatz.

Fast Food:

Wörtlich übersetzt bedeutet Fast Food „schnelles Essen". Fast Food sind somit alle Speisen, die sich für ein Essen auf die Schnelle eignen, dazu gehört also auch ein Apfel oder ein Glas Buttermilch und nicht nur Hamburger und Pommes.

Fett:

Fette bestehen aus einem Teil Glyzerin und drei Fettsäuren. Man unterscheidet pflanzliche und tierische Fette.

Das „richtige" Gewicht:

Der Begriff Set-Point-Gewicht wurde mit Wohlfühlgewicht übersetzt. Damit sollte zum Ausdruck kommen, dass dieses Gewicht das individuell richtige, im Sinne von gesundheitlich zuträgliche, ist.
Soll die Frage rechnerisch beantwortet werden, kann der Broca-Index, das sogenannte „Normalgewicht", als Index dienen: Körpergröße in cm – 100 = „Normalgewicht". Bei sehr großen oder kleinen Menschen führt der Broca-Index jedoch zu Ungenauigkeiten.
Exakter ist der BMI (= Body Mass Index). Er errechnet sich nach der Formel: Körpergewicht / (Körpergröße x Körpergröße). Der BMI wird in folgende Klassen unterteilt.

	Frauen	Männer
Untergewicht	unter 19	unter 20
Normalgewicht	19-24	20-25
Übergewicht	25-30	26-30
Adipositas	über 30	über 30

Hilfreich sind auch fertige Grafiken mit denen man seinen BMI ermitteln kann (s. S. 8).

Grundumsatz:

Der Grundumsatz ist die Energiemenge, die der Körper bei völliger Ruhe im Liegen zur Aufrechterhaltung der Körperfunktion benötigt. Der Grundumsatz ist abhängig vom Geschlecht, Alter, Gewicht und der Körpergröße.
Faustregel: 1 Kalorie/kg Körpergewicht/ Stunde

Kalorien/Joule:

Die Maßeinheit für den Energiegehalt eines Lebensmittels, für Energiebedarf und Energiezufuhr war lange Zeit die Kalorie. Diese wurde jedoch 1975 durch eine Maßeinheit aus dem Internationalen Einheitensystem, das Kilojoule (kJ), abgelöst.

Kohlenhydrate:

Kohlenhydrate bestehen aus Kohlenstoff, Wasserstoff und Sauerstoff. Der Name kommt von Kohlenstoff und Hydro (griech. = Wasser). Man nennt sie auch Zuckerstoffe. Kohlenhydrate sind entweder Einfachzucker oder Verbindungen einfacher Zucker.

Kwashiorkor:

trop. Form des Mehlnährschadens (Proteinmangel) vgl. Protein-Energie-Mangelsyndrome
Protein-Energie-Mangelsyndrome: Abk. PEM. In den tropischen Entwicklungsländern sehr häufige und sozial äußerst bedeutende Ernährungskrankheiten; man unterscheidet Marasmus (kalor. Unterernährung, entspricht der Säuglingsdystrophie) und Kwashiorkor (Pro-

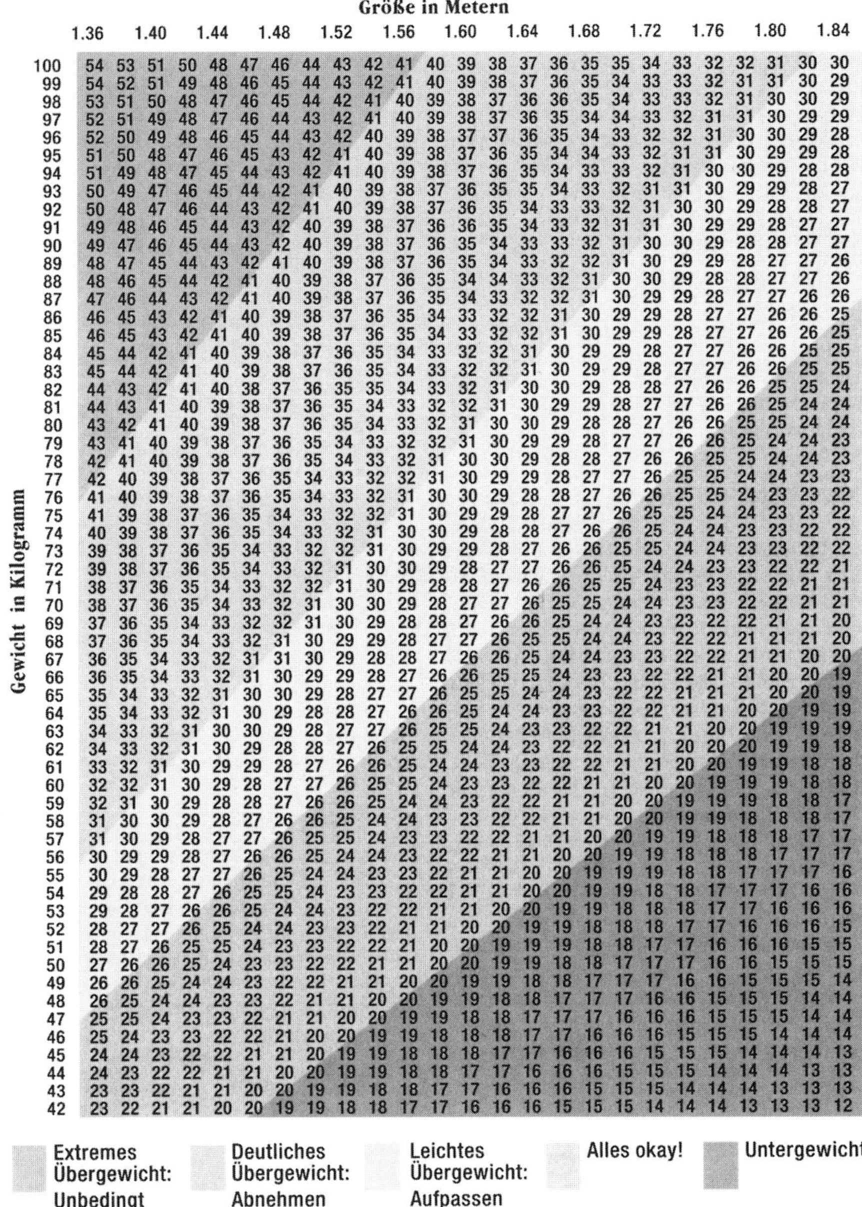

Größe in Metern — Gewicht in Kilogramm

Gewicht	1.36		1.40		1.44		1.48		1.52		1.56		1.60		1.64		1.68		1.72		1.76		1.80		1.84
100	54	53	51	50	48	47	46	44	43	42	41	40	39	38	37	36	35	35	34	33	32	32	31	30	30
99	54	52	51	49	48	46	45	44	43	42	41	40	39	38	37	36	35	34	33	33	32	31	31	30	29
98	53	51	50	48	47	46	45	44	42	41	40	39	38	37	36	36	35	34	33	33	32	31	30	30	29
97	52	51	49	48	47	46	44	43	42	41	40	39	38	37	36	35	34	34	33	32	31	31	30	29	29
96	52	50	49	48	46	45	44	43	42	40	39	38	37	37	36	35	34	33	32	32	31	30	30	29	28
95	51	50	48	47	46	45	43	42	41	40	39	38	37	36	35	34	34	33	32	31	31	30	29	29	28
94	51	49	48	47	45	44	43	42	41	40	39	38	37	36	35	34	33	33	32	31	30	30	29	28	28
93	50	49	47	46	45	44	42	41	40	39	38	37	36	35	35	34	33	32	31	31	30	29	29	28	27
92	50	48	47	46	44	43	42	41	40	39	38	37	36	35	34	33	33	32	31	30	30	29	28	28	27
91	49	48	46	45	44	43	42	40	39	38	37	36	36	35	34	33	32	31	31	30	29	29	28	27	27
90	49	47	46	45	44	43	42	40	39	38	37	36	35	34	33	33	32	31	30	30	29	28	28	27	27
89	48	47	45	44	43	42	41	40	39	38	37	36	35	34	33	32	32	31	30	29	29	28	27	27	26
88	48	46	45	44	42	41	40	39	38	37	36	35	34	34	33	32	31	30	30	29	28	28	27	27	26
87	47	46	44	43	42	41	40	39	38	37	36	35	34	33	32	32	31	30	29	29	28	27	27	26	26
86	46	45	43	42	41	40	39	38	37	36	35	34	33	32	32	31	30	29	29	28	27	27	26	26	25
85	46	45	43	42	41	40	39	38	37	36	35	34	33	32	32	31	30	29	29	28	27	27	26	26	25
84	45	44	42	41	40	39	38	37	36	35	34	33	32	32	31	30	29	29	28	27	27	26	26	25	25
83	45	44	42	41	40	39	38	37	36	35	34	33	32	32	31	30	29	29	28	27	27	26	26	25	25
82	44	43	42	41	40	38	37	36	35	35	34	33	32	31	30	30	29	28	28	27	26	26	25	25	24
81	44	43	41	40	39	38	37	36	35	34	33	32	32	31	30	29	29	28	27	27	26	26	25	24	24
80	43	42	41	40	39	38	37	36	35	34	33	32	31	30	30	29	28	28	27	26	26	25	25	24	24
79	43	41	40	39	38	37	36	35	34	33	32	32	31	30	29	29	28	27	27	26	26	25	24	24	23
78	42	41	40	39	38	37	36	35	34	33	32	31	30	30	29	28	28	27	26	26	25	25	24	24	23
77	42	40	39	38	37	36	35	34	33	32	32	31	30	29	29	28	27	27	26	25	25	24	24	23	23
76	41	40	39	38	37	36	35	34	33	32	31	30	30	29	28	28	27	26	26	25	25	24	23	23	22
75	41	39	38	37	36	35	34	33	32	32	31	30	29	29	28	27	27	26	25	25	24	24	23	23	22
74	40	39	38	37	36	35	34	33	32	31	30	30	29	28	28	27	26	26	25	24	24	23	23	22	22
73	39	38	37	36	35	34	33	32	32	31	30	29	29	28	27	26	26	25	25	24	24	23	23	22	22
72	39	38	37	36	35	34	33	32	31	30	30	29	28	27	27	26	26	25	24	24	23	23	22	22	21
71	38	37	36	35	34	33	32	32	31	30	29	28	28	27	26	26	25	25	24	23	23	22	22	21	21
70	38	37	36	35	34	33	32	31	30	30	29	28	27	27	26	25	25	24	24	23	23	22	22	21	21
69	37	36	35	34	33	32	32	31	30	29	28	28	27	26	26	25	24	24	23	23	22	22	21	21	20
68	37	36	35	34	33	32	31	30	29	29	28	27	27	26	25	25	24	24	23	22	22	21	21	21	20
67	36	35	34	33	32	31	31	30	29	28	28	27	26	26	25	24	24	23	23	22	22	21	21	20	20
66	36	35	34	33	32	31	30	29	29	28	27	26	26	25	25	24	23	23	22	22	21	21	20	20	19
65	35	34	33	32	31	30	30	29	28	27	27	26	25	25	24	24	23	22	22	21	21	21	20	20	19
64	35	34	33	32	31	30	29	28	28	27	26	26	25	24	24	23	23	22	22	21	21	20	20	19	19
63	34	33	32	31	30	30	29	28	27	27	26	25	25	24	23	23	22	22	21	21	20	20	19	19	19
62	34	33	32	31	30	29	28	28	27	26	25	25	24	24	23	22	22	21	21	20	20	20	19	19	18
61	33	32	31	30	29	29	28	27	26	26	25	24	24	23	23	22	22	21	21	20	20	19	19	18	18
60	32	32	31	30	29	28	27	27	26	25	25	24	23	23	22	22	21	21	20	20	19	19	19	18	18
59	32	31	30	29	28	28	27	26	26	25	24	24	23	22	22	21	21	20	20	19	19	19	18	18	17
58	31	30	30	29	28	27	26	26	25	24	24	23	23	22	22	21	21	20	20	19	19	18	18	18	17
57	31	30	29	28	27	27	26	25	25	24	23	23	22	22	21	21	20	20	19	19	18	18	18	17	17
56	30	29	29	28	27	26	26	25	24	24	23	22	22	21	21	20	20	19	19	18	18	18	17	17	17
55	30	29	28	27	27	26	25	24	24	23	23	22	21	21	20	20	19	19	19	18	18	17	17	17	16
54	29	28	28	27	26	25	25	24	23	23	22	22	21	21	20	20	19	19	18	18	17	17	17	16	16
53	29	28	27	26	26	25	24	24	23	22	22	21	21	20	20	19	19	18	18	18	17	17	16	16	16
52	28	27	27	26	25	24	24	23	23	22	21	21	20	20	19	19	18	18	18	17	17	16	16	16	15
51	28	27	26	25	25	24	23	23	22	22	21	20	20	19	19	19	18	18	17	17	16	16	16	15	15
50	27	26	26	25	24	23	23	22	22	21	21	20	20	19	19	18	18	17	17	17	16	16	15	15	15
49	26	26	25	24	24	23	22	22	21	21	20	20	19	19	18	18	17	17	17	16	16	15	15	15	14
48	26	25	24	24	23	23	22	21	21	20	20	19	19	18	18	17	17	17	16	16	15	15	15	14	14
47	25	25	24	23	23	22	21	21	20	20	19	19	18	18	17	17	17	16	16	16	15	15	15	14	14
46	25	24	23	23	22	22	21	20	20	19	19	18	18	18	17	17	16	16	16	15	15	15	14	14	14
45	24	24	23	22	22	21	21	20	19	19	18	18	18	17	17	16	16	16	15	15	15	14	14	14	13
44	24	23	22	22	21	21	20	20	19	19	18	18	17	17	16	16	16	15	15	15	14	14	14	13	13
43	23	23	22	21	21	20	20	19	19	18	18	17	17	16	16	16	15	15	15	14	14	14	13	13	13
42	23	22	21	21	20	20	19	19	18	18	17	17	16	16	16	15	15	15	14	14	14	13	13	13	12

Extremes Übergewicht: Unbedingt abnehmen   **Deutliches Übergewicht:** Abnehmen   **Leichtes Übergewicht:** Aufpassen   **Alles okay!**   **Untergewicht**

teinmangelsyndrom, entspricht dem Mehlnährschaden). Sehr häufig sind Mischformen u. Kombinationen mit Vitaminmangel. Nur ein Teil der Ernährungsstörungen wird klinisch manifest. Sie tragen indirekt zu einer stark erhöhten Kinder- und Säuglingssterblichkeit bei, indem sie die Widerstandskraft gegen (akute) Infektionskrankheiten schwächen. Therapie: Zuführung einer an Energie und Proteinen ausreichenden Nahrung, Prophylaxe, Verbesserung der sozialen Lage, Verbesserung der Landwirtschaft und Ernährungsberatung.

Leistungszuwachs:

Der Leistungszuwachs richtet sich nach der Schwere und Dauer der körperlichen Betätigung.

Magersucht: *Anorexia nervosa*

Bei Anorexia nervosa liegt eine psychogene Essstörung vor, mit verzerrter Einstellung gegenüber der Nahrungsaufnahme, Angst vor Übergewicht, gestörtem Körperschema und Krankheitsverleugnung.

1689 berichtete Richard Morton das erste Mal über eine Krankheit, die er „eine nervöse Auszehrung" nannte, welche der Engländer Sir William Gull (der bekannteste britische Arzt jener Zeit) vor rund 100 Jahren mit dem Namen „Anorexia Nervosa" bezeichnete. Diese Krankheit trat in früheren Zeiten höchst selten auf. In den letzten 30-40 Jahren stieg die Quote der Erkrankten rapide an.

Anorexia nervosa ist eine Krankheit, in welcher die/der Erkrankten die Nahrungsaufnahme bewusst verweigern oder stark reduzieren. Sie fangen an, immer weniger zu essen, bis sie fast keine Nahrung mehr zu sich nehmen. Dadurch erfolgt eine rapide Gewichtsabnahme, oft auf ein Drittel oder Viertel des normalen Körpergewichtes.

Vielfach muss dann die Nahrung den Erkrankten künstlich über eine Magensonde in Form intravenöser Infusionen zugeführt werden. Im Extremfall kann diese Krankheit sogar zur Auszehrung und zum Tode führen.

Anorexia nervosa tritt bei beiden Geschlechtern auf. Die überwältigende Mehrheit jedoch (ca. 90 %) sind Frauen und Mädchen im Alter zwischen 12 und 40. Sie tritt aber auch bei Jungen und Männern auf. Die meisten Betroffenen haben eine gute Schul- und Berufsausbildung.

Wer seinen eigenen Körper nicht akzeptiert und liebt, sich dick, hässlich und wertlos fühlt oder meint, dass seine Mitmenschen ihn nicht akzeptieren oder mögen, damit beginnen zweifelhafte Kämpfe um Pfunde.

Sie sorgen sich nur noch um ihr Gewicht und kontrollieren ihren Körper und ihre Bedürfnisse ständig.

Dadurch sinkt das ohnehin angegriffene Selbstwertgefühl. Je mehr sie abmagern, desto besser fühlen sie sich (aber nicht der Körper). Es heißt aber nicht, dass der Hunger verschwindet. Sie streben nur nach ihrem Schlankheitsideal. Auch wenn sie nur noch aus Haut und Knochen bestehen, fühlen sie sich noch zu dick.

Manche verweigern auch das Essen, weil es am Esstisch immer Streit gibt, oder weil sie zum Essen gezwungen werden.

Folgen für den Körper:
Auf diese Unterernährung reagiert der Körper indem er versucht, seine Funktionen einzuschränken, das heißt, Pulsfrequenz, Blutdruck und Körpertemperatur sinken. Müdigkeit, Kälteempfindlichkeit und Verstopfung treten häufiger auf. Die Menstruation wird unregelmäßiger. Sie sind krankheitsanfälliger und infizieren sich schneller. Weil der Körper so geschwächt ist, hat er keine Abwehrkräfte gegen allerlei Krankheiten mehr. Jede Krankheit kann lebensbedrohend sein.

Verhalten:
Die Betroffenen sondern sich von Freunden ab, kümmern sich nur noch um ihren Körper, in der Schule verschlechtern sie sich. Sie ziehen hauptsächlich weite, unauffällige Kleidung an, um ihren Körper zu verstecken. Anfangs, weil sie sich zu dick fühlen, später, um ihren dünnen Körper zu verstecken, obwohl sie sich immer noch zu dick fühlen. Sie versuchen, nach außen ihre Sucht zu verbergen und reden mit niemandem darüber. Erst wenn sie merken, dass die Krankheit sie langsam zerstört, vertrauen sie sich einer Person an. Sie wollen sich, so lange es ihnen noch einigermaßen gut geht, niemandem anvertrauen, weil sie Schuldgefühle haben. Das sich Öffnen kostet sie viel Mut und Überwindung. Aber wenn sie sich niemandem anvertrauen und sich nicht helfen lassen, kann dies ihren Tod bedeuten. Ohne Hilfe und freiwillige, aktive Mitarbeit können sie diese Krankheit nicht bewältigen.

Hilfe:
Es ist sehr wichtig, dass die Angehörigen und Freunde der betroffenen Person das Gefühl geben, dass sie immer für sie da sind, dass sie sie mögen und dass sie sich ihnen immer anvertrauen kann. Man soll sich langsam an die Magersüchtige herantasten, sie aber nicht sofort auf die Krankheit ansprechen. Sonst verschließt sie sich sofort wieder. Wenn man ihr Vertrauen gewonnen hat, sollte man sie vorsichtig von der Notwendigkeit einer Therapie oder dem Besuch einer Selbsthilfegruppe überzeugen. Man sollte sie nie mit Drohungen oder Erpressung zum Besuch einer solchen Gruppe überreden. Die Betroffene muss von

sich aus zu einer Therapie bereit sein, sonst ist es sinnlos.

Wenn sich die Betroffene bereit erklärt hat, sich helfen zu lassen, sollte man in kleinen Schritten vorgehen. Als erstes muss sie lernen, mit ihrem Hungergefühl umzugehen.

Das heißt, sie muss essen, wenn sie Hunger hat, aber nicht zuviel. Sie muss lernen, ihr Gewicht und ihre Figur zu akzeptieren. Langsam soll sie wieder lernen, mit Freunden wegzugehen, um auf andere Gedanken zu kommen. Diese Heilungsphase erstreckt sich über eine Zeitspanne von 2–4 Jahren. Deshalb muss man geduldig sein.

Rückfälle sind nicht ausgeschlossen. Es ist wichtig, diese schnell zu erkennen und der Betroffenen sofort zu helfen. Die wichtigste Voraussetzung für eine endgültige Heilung ist der eigene Wille, die Krankheit zu besiegen.

Mineralstoffe (Nährsalze) und Spurenelemente:

Sie dienen dem Körper als Bau- und Reglerstoffe und müssen mit der Nahrung aufgenommen werden. Wie bei Vitaminen kann die Aufnahmemenge der Mineralstoffe und Spurenelemente von der Art der Nahrungszubereitung beeinflusst werden. Die nachstehende Tabelle gibt eine Übersicht über die wichtigsten Mineralien, ihre Wirkung und ihr Vorkommen in den Nahrungsmitteln.

Mineralstoffe	notwendig für:	kommt reichlich vor in:
Calcium (Ionen)	Aufbau der Knochen und Zähne, Blutgerinnung	Milch und Milchprodukte, Gemüse
Eisen (Ionen)	Blutbildung	Leber, grüne Gemüse, Vollkornbrot
Phosphor (Phosphationen)	Aufbau der Nerven und Knochen	Leber, Fleisch, Fisch, Milch und Milchprodukte
Iod (Ionen)	Tätigkeit der Schilddrüse	Fische, Meerestiere, Jodsalz
Kalium (Ionen)	Regulation der Erregbarkeit der Muskeln, Nerven, Herztätigkeit	Getreide, Obst, Gemüse
Kochsalz (Natriumchlorid)	ausreichende Gewebespannung, Bildung von Magensäure	fast in allen Nahrungsmitteln

Nährstoffe:

Die für den Körper verwertbaren Bestandteile heißen Nährstoffe (Kohlenhydrate, Eiweißstoffe und Fette).

Nahrungsmittel:

Unsere Nahrungsmittel entstammen dem Tier- und Pflanzenreich. Sie werden roh genossen oder ergeben nach Verarbeitung oder Zubereitung Gerichte. In unserem Körper werden die Nahrungsmittel durch die Verdauung in ihre Bestandteile zerlegt und aufgeschlossen. Die für den Körper unverwertbaren Bestandteile heissen Ballaststoffe.

Skorbut:

Vitamin C-Mangelkrankheit, früher auch als Scharbock bezeichnet. Trat beim Menschen früher häufig auf, vor allem dort, wo frisches Obst und Gemüse fehlte, wie auf See, in Gefängnissen und bei Expeditionen. Krankheitszeichen sind starker Gewichtsverlust, auftretende Blutungen vor allem des Zahnfleischs und damit einhergehender Zahnausfall sowie Muskelschwund.

Vitamine:

Vitamine sind Reglerstoffe, die bereits in kleinen Mengen große Wirkungen hervorrufen. Ihr Wirken wird erst offenbar, wenn sie fehlen. Der Körper kann sie nicht oder nur in ungenügender Menge selbst bilden. Sie müssen also mit der Nahrung aufgenommen werden. In frischer, gemischter Kost sind sie meist ausreichend vorhanden. Durch unsachgemäße Lagerung (Vitamine sind empfindlich gegen Luft, Hitze und Licht) oder Zubereitung (langes Warmhalten der Speisen) können bedeutende Verluste entstehen. So kann es vorkommen, dass der Körper nicht mehr ausreichend mit Vitaminen versorgt wird.

Zudem hat der Körper bei Krankheit, im Wachstum und bei starker Anstrengung einen erhöhten Vitaminbedarf. Auch sollten Raucher besonders auf ihren Vitamin C-Bedarf achten.

I.2 Informationen zur Unterrichtspraxis

I.2.1 Einstiegsmöglichkeiten

Einstiegsmöglichkeiten	Medien
A.	
■ Gemeinsames Frühstück ▶ **Problemfrage:** Was enthält unsere Nahrung?	■ von S mitgebrachte Lebensmittel
B.	
■ L zeigt Bild von stillender Mutter ▶ **Problemfrage:** Was ist in Milch enthalten, dass sie als alleiniges Nahrungsmittel für Säuglinge ausreicht und was enthält unsere Nahrung?	■ Folie 1

I.2.2 Erarbeitungsmöglichkeiten

Erarbeitungsschritte	Medien
Unterrichtliche Anmerkung: Beide Einstiegsmöglichkeiten zielen auf die Inhaltsstoffe unserer Nahrung hin, die Nährstoffe.	
A./B.1. Untersuchung von Nahrungsmitteln	
S bringen selbst Lebensmittel mit, die sie untersuchen wollen oder untersuchen vom L mitgebrachte Milch	
■ L Impuls: „Wir wollen nun einige einfache Lebensmitteluntersuchungen durchführen"	■ Material I./M 1 (Experiment): Untersuchungen von Lebensmitteln (auf jeden Fall Brötchen oder Brot, Käse, Butter) ■ Material I./M 2 (Experiment): Untersuchung von Milch ■ Tafel: Inhaltsstoffe der Nahrungsmittel: Nahrungs- Stärke Eiweißstoffe Zucker Fett mittel
■ Unterrichtsgespräch über die Naturstoffe der Nahrungsmittel ■ Unterrichtsgespräch: Definition der Begriffe Nahrungsmittel und Nährstoffe	■ Tafel: Nahrungsmittel sind Lebensmittel, die Nährstoffe (Fette, Kohlenhydrate, Eiweißstoffe) in unterschiedlichen Mengen enthalten.
Unterrichtliche Anmerkung: Nachdem die Nährstoffe experimentell nachgewiesen wurden, wird nun ihre Bedeutung für die menschliche Ernährung thematisiert.	
A./B.2. Bedeutung der Nährstoffe	
■ L fordert zur Betrachtung der Folienkopie Kwashiorkor auf. Frage: „Was fehlt dem Kind?"	■ Folie 2

Erarbeitungsschritte	Medien
■ L fordert dazu auf, herauszuarbeiten, wozu Eiweißstoffe, Fette und Kohlenhydrate im Körper benötigt werden.	■ Material I./M 3 (Materialgebundene Aufgabe): Die Nährstoffe und ihre Bedeutung
■ Unterrichtsgespräch: Die Bedeutung der Nährstoffe	■ Tafel
■ L weist auf die Anfangsfragestellung zurück: was fehlt dem Kind? Wie kann ihm geholfen werden?	
■ L-Info: Die chemische Zusammensetzung der Nährstoffe	■ Material I./M 4 (Materialgebundene Aufgabe): Nährstoffbausteine

Unterrichtliche Anmerkung: *An dieser Stelle sollte das Modell Käsebrötchen mithilfe der Informationen aus A/B.1 und A/B.2 zusammengesetzt werden, um es in der Unterrichtseinheit Verdauung Schritt für Schritt auseinanderzunehmen.*
■ Material Käsebrötchen im Anhang

A./B.3. Ernährung und Energiebedarf

Erarbeitungsschritte	Medien
■ L-Impuls: Wie sollten sich Sportler und wie Sekretärinnen ernähren?	
■ Unterrichtsgespräch	■ Tafel
■ L führt die Begriffe Grundumsatz und Leistungszuwachs ein sowie die Berechnung des Normalgewichts.	■ Tafel
■ S-Übung: Tätigkeit und Energiebedarf	■ Material I./M 5 (Materialgebundene Aufgabe): Tätigkeit und Energiebedarf
■ Unterrichtsgespräch: Warum ist es sinnvoll 5 Mahlzeiten zu sich zu nehmen?	■ Material I./M 6 (Materialgebundene Aufgabe): Leistungskurve in Abhängigkeit von der täglichen Energiezufuhr

A./B.4. Die Bedeutung der Vitamine und Mineralstoffe

Erarbeitungsschritte	Medien
■ L zeigt Folienkopie der Collage von Anzeigen für Vitamin- und Mineralstoffpräparate.	■ Folienkopie von Material I./M 7: Die Bedeutung der Vitamine und Mineralstoffe
■ Unterrichtsgespräch über Erfahrungen der S und Vorwissen der S	■ Tafel
■ SuS- Übung: Welche Vitamine bewirken was?	■ Material I/M 7
■ SuS- Übung: Text zum Thema Vitamine und Mineralien (Welche Lebensmittel sind besonders vitaminhaltig? Skorbut/ Vitamin B Mangel)	
■ L initiiert Unterrichtsgespräch zum Thema Skorbut evtl. anhand eines Textes zur Seefahrt.	■ Tafel: – Vitamine und Mineralien sind lebensnotwendig – sie brauchen jedoch nicht durch Präparate dem Körper zugeführt werden, sondern eine ausgewogene Ernährung deckt den Bedarf ab.
■ L projiziert Folienkopie des Materials I./ M 8	■ Material I./M 8: Der Ernährungskreis

---

<table>
<tr><td colspan="2">

A./B.5. Fast Food

</td></tr>
<tr><td colspan="2">

Unterrichtliche Anmerkung: *Die folgenden Unterrichtsstunden zum Thema Ernährung eignen sich hervorragend für Freiarbeit oder Projektunterricht, der in arbeitsteiliger Gruppenarbeit durchgeführt werden kann. Hier können sehr gut außerschulische Lernorte einbezogen oder auch die Arbeit mit dem Internet gefördert werden.*

</td></tr>
<tr><td>

Einstiegsmöglichkeiten

</td><td>

Medien

</td></tr>
<tr><td>

- L liest den ersten Artikel von Material I./M 9 vor und fragt nach den ersten zwei Sätzen die S um welches Thema es sich ihrer Meinung nach handelt und liest dann den Rest.

- Rollenspiel

- Unterrichtsgespräch: Definition Fast Food

- SuS - Übung: Zusammenstellung von gesunden Fast Food Kombinationen.

</td><td>

- Material I./M 9 (Materialgebundene Aufgabe): Fast Food

- Tafel

- Material I./M 10 (Materialgebundene Aufgabe): Zusammenstellen von Fast Food Kombinationen

</td></tr>
<tr><td colspan="2">

A./B.6. Gentechnik im Lebensmittelbereich

</td></tr>
<tr><td>

- L zeigt Riesentomate o. ä.

- Unterrichtsgespräch: Essen aus dem Labor?

- SuS- Übung: Neu„artige"? Lebensmittel

- S führen Interviews in Schule oder Fussgängerzone durch, wie die Akzeptanz von Genfood in der Bevölkerung ist.

- S entwerfen Plakat für Ausstellung im Bioraum oder Veröffentlichung in der Schülerzeitung oder auf der Homepage

</td><td>

- Material I./M 11 (Materialgebundene Aufgabe): Neu„artige" Lebensmittel

</td></tr>
<tr><td colspan="2">

A./B.10. Diäten, Magersucht, Bulimie

</td></tr>
<tr><td>

- L: „Zeichnet anonym 2 Zeichnungen: So möchte ich aussehen; so sehe ich mich."

- Unterrichtsgespräch: Was bedeutet für mich schlank sein?

- SuS-Übung: S bewerten Diäten aus Zeitschriften unter Berücksichtigung des KH-, Fett- und Eiweißbedarfs.

- L zeigt Film

- Unterrichtsgespräch:Was kennzeichnet die Krankheit Magersucht und was ist Bulimie?

- Diskussion mit Mitarbeiter/innen einer Selbsthilfegruppe

- S stellen Regeln auf für eine sinnvolle Gewichtsreduktion.

</td><td>

- Zeitschriften

- Film

</td></tr>
</table>

<table>
<tr><td>I./M 1</td><td style="text-align:center">Untersuchung von Lebensmitteln</td><td>EXPERIMENT</td></tr>
</table>

Arbeitsmaterial:

Versuchsprotokoll

Thema: Nährstoffe lassen sich chemisch nachweisen

Material und Geräte: 1 Mörser, 1 Pistill, 1 Filter, 1 Filtrierpapier, *Lugol*sche Lösung (Iod-Kaliumiodid-Lösung), Salpetersäure, *Fehling*sche Lösung I + II, Sudan III, Reagenzgläser, Reagenzglasgestell, Spritzflasche mit dest. Wasser, Brenner, Schutzbrille, 1 Becherglas.

Durchführung:

A. Stelle dein Untersuchungsmaterial her: Zerkleinere und zerreibe deine Probe im Mörser. Schlämme dann (falls notwendig) mit Wasser auf. Filtriere den Brei. Du hast nun auf dem Filterpapier den so genannten Rückstand, den du für deine Untersuchungen brauchst sowie das Filtrat, das aus dem Trichter geflossen ist. Hebe sowohl Rückstand als auch Filtrat gut auf.

B. Untersuche Lebensmittel auf Stärke: Gib reine Stärke in ein Reagenzglas mit heißem Wasser und lass es abkühlen. Gib einige Tropfen der *Lugol*schen Lösung hinzu. Der Farbumschlag zeigt Stärke an. Untersuche nun einen Teil deines Rückstands auf Stärke: Du versetzt ihn mit einigen Tropfen *Lugols*-Lösung. Notiere das Versuchsergebnis an der Tafel.

C. Untersuche auf Eiweißstoffe: Verdünne Hühnereiklar in einem Reagenzglas mit Wasser. Gib einige Tropfen Salpetersäure hinzu. Die Färbung zeigt Eiweiß an. Untersuche nun deine Lebensmittelprobe auf Eiweiß. Dies tust du, indem du zu einem Teil deines Rückstands einen Tropfen Salpetersäure hinzufügst. Notiere das Versuchsergebnis wiederum an der Tafel.

D. Untersuche auf Frucht- oder Traubenzucker: Löse ein wenig Traubenzucker in Wasser auf. Mische *Fehling*sche Lösung I + II zu gleichen Teilen. Gib davon einige Tropfen zur Zuckerlösung. Setze eine Schutzbrille auf und erhitze deine Probe vorsichtig in einem Wasserbad, bis ein Farbumschlag eintritt. Untersuche nun dein Filtrat auf Frucht- oder Traubenzucker. Gib dazu einen Teil deines Filtrats in ein Reagenzglas und führe die Untersuchung wie eben beschrieben jetzt mit dieser Probe durch. Notiere dein Ergebnis.

E. Untersuche auf Fett: Gib in ein Reagenzglas etwas Wasser mit wenig Speiseöl und einigen Tropfen Sudan III-Lösung. Sudan III färbt Fett tiefrot an. Gib nun zu einem Teil deines Filtrats ein paar Tropfen Sudan III-Lösung und notiere das Ergebnis.

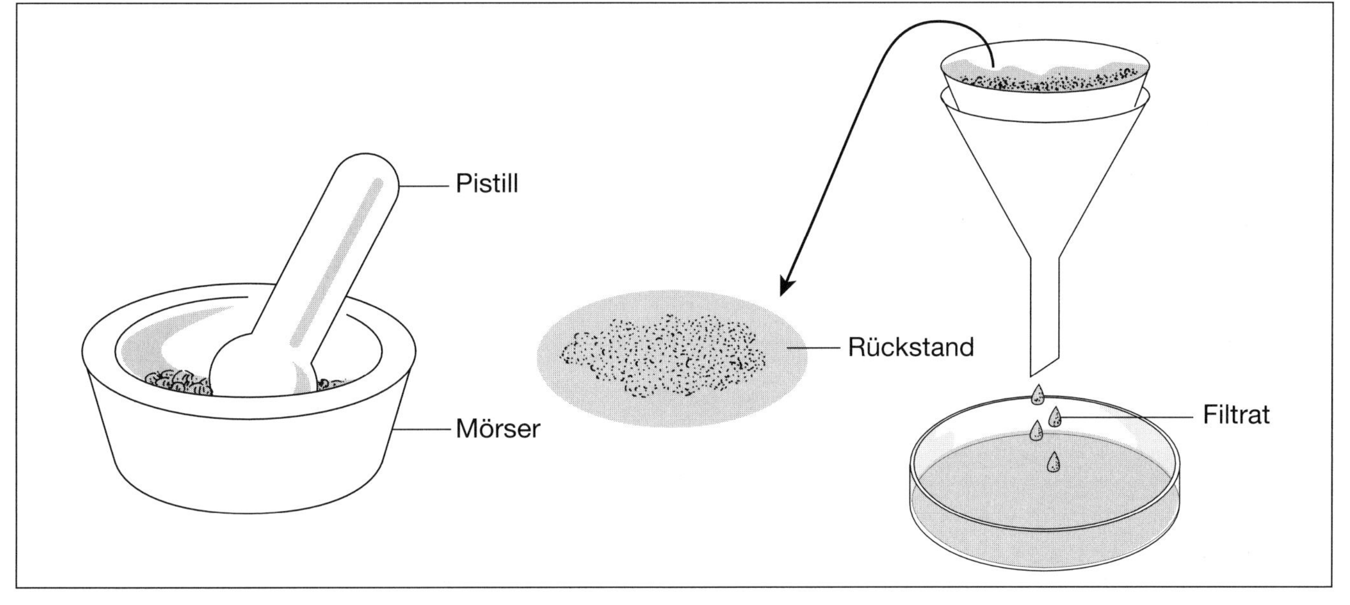

Aufgabe:

Vervollständige das Versuchsprotokoll.

I./M 2	Untersuchung von Milch	EXPERIMENT

Arbeitsmaterial:

Versuchsprotokoll

Thema: Nährstoffe in Milch lassen sich chemisch nachweisen

Material und Geräte: 1 Filter, 1 Filtrierpapier, *Lugol*sche Lösung (Iod-Kaliumiodid-Lösung), Salpetersäure, *Fehling*sche Lösung I + II, Sudan III, Reagenzgläser, Reagenzglasgestell, Spritzflasche mit dest. Wasser, Brenner, Schutzbrille, 2 Bechergläser.

Durchführung:

A. Stelle dein Untersuchungsmaterial her: Gib in einem Becherglas zu 50 ml deiner Milch einige Milliliter verdünnte Essigsäure und erwärme vorsichtig. Filtriere das Gemisch. Du hast nun auf dem Filtrierpapier den sog. Rückstand, den man Casein nennt, sowie das Filtrat, das aus dem Trichter geflossen ist, dieses nennt man Molke. Hebe sowohl Casein als auch Molke gut auf.

B. Untersuche auf Stärke: Gib reine Stärke in heißes Wasser und lass es abkühlen. Gib einige Tropfen der *Lugol*schen Lösung hinzu. Der Farbumschlag zeigt Stärke an. Untersuche nun einen Teil deines Caseins (Rückstands) auf Stärke: Du versetzt ihn mit einigen Tropfen *Lugol*scher Lösung. Notiere das Versuchsergebnis an der Tafel.

C. Untersuche auf Eiweißstoffe: Verdünne Hühnereiklar in einem Reagenzglas mit Wasser. Gib einige Tropfen Salpetersäure hinzu. Die Färbung zeigt Eiweißstoffe an. Untersuche nun deine Milch auf Eiweißstoffe. Gib zu einem Teil deines Rückstands einen Tropfen Salpetersäure hinzu. Notiere das Ergebnis an der Tafel.

D. Untersuche auf Frucht- oder Traubenzucker: Löse ein wenig Traubenzucker in Wasser auf. Mische *Fehling*sche Lösung I + II zu gleichen Teilen. Gib davon einige Tropfen zur Zuckerlösung. Setze eine Schutzbrille auf und erhitze deine Probe vorsichtig in einem Wasserbad, bis ein Farbumschlag eintritt. Untersuche nun deine Molke (Filtrat) auf Frucht- oder Traubenzucker. Gib dazu einen Teil deiner Molke in ein Reagenzglas und führe die Untersuchung wie eben beschrieben jetzt mit dieser Probe durch. Notiere dein Ergebnis.

E. Untersuche auf Fett: Gib in ein Reagenzglas etwas Wasser mit wenig Speiseöl und einigen Tropfen Sudan III-Lösung. Sudan III färbt Fett tiefrot an. Gib nun zu einem Teil deiner Milch ein paar Tropfen Sudan III-Lösung und notiere das Ergebnis.

Aufgaben:

Vervollständige das Versuchsprotokoll!

| I./M 3 | **Die Nährstoffe und ihre Bedeutung** | **Materialgebundene AUFGABE** |

Arbeitsmaterial:

Ständig laufen im menschlichen Körper Stoffwechselvorgänge ab, für die Energie bereitgestellt werden muss. Die in der Nahrung enthaltenen Nährstoffe dienen dem Körper als Baustoffe (z. B. Zellaufbau) und Betriebsstoffe (Energielieferant). Chemisch gesehen unterteilt man die Nährstoffe in drei Gruppen: die Fette, die Kohlenhydrate und die Eiweißstoffe (Proteine).

Fette

Fette kommen in pflanzlichen und tierischen Nahrungsmitteln vor.

Grundsätzlich bestehen alle Fette aus Glycerin und daran gebundenen langkettigen Fettsäuren. Die unterschiedlichen Fettsäuren bestimmen maßgeblich die Eigenschaften und die Wirkung der Fette auf den Organismus. Einige dieser lebensnotwendigen Fettsäuren können vom Körper nicht selbst aufgebaut werden, sondern müssen mit der Nahrung aufgenommen werden. Man bezeichnet sie daher als **essentielle** Fettsäuren (achte auf die Aufschrift einiger Speiseöle: „reich an essentiellen Fettsäuren").

Der Nährstoff Fett ist in erster Linie Energielieferant. Darüber hinaus dienen Fette aber auch als Reservestoffe, sie haben Stütz- und Polsterfunktionen zu erfüllen und sind Träger notwendiger, essentieller Wirkstoffe (fettlösliche Vitamine). Der tägliche Fettbedarf eines Erwachsenen liegt bei 25-30 % des Gesamtenergiebedarfs.

Kohlenhydrate

Kohlenhydrate stammen bevorzugt aus pflanzlicher Kost und stehen fast immer in ausreichenden Mengen zur Verfügung. Sie haben primär die Aufgabe Energie zu liefern.

Kohlenhydrate sind entweder Einfachzucker oder Verbindungen einfacher Zucker:

- die Einfachzucker (Monosaccharide)   z. B. Traubenzucker (Glukose), Fruchtzucker (Fruktose)
- die Zweifachzucker (Disaccharide)   z. B. Malzzucker (Maltose), Rohrzucker (Saccharose)
- die Vielfachzucker (Polysaccharide)   z. B. Stärke (pflanzl. Mehrfachzucker), Glykogen (tierischer Mehrfachzucker)

Der tägliche Bedarf eines Erwachsenen an Kohlenhydraten liegt bei 50-60 % des Gesamtenergiebedarfs.

Eiweißstoffe

Eiweißstoffe, auch Proteine genannt, sind unentbehrliche Bestandteile der Zellen. Sie sind aus Aminosäuren aufgebaut. 8 der 20 verschiedenen Aminosäuren kann der Körper nicht selbst aufbauen. Sie sind essentiell und müssen mit der Nahrung zugeführt werden. Der Körper nutzt die in den Proteinen enthaltenen Aminosäuren zum Aufbau körpereigener Proteine.

Die Proteine sind unsere wichtigsten Baustoffe. Der tägliche Bedarf an Eiweißen schwankt je nach Alter und Körpertätigkeit. Er liegt bei Erwachsenen bei ca. 10 – 15 % des Gesamtenergiebedarfs.

Aufgaben:

a) Nenne die Brenn- oder Betriebsstoffe und die Baustoffe mit ihrer Bedeutung für den menschlichen Körper!
b) Welcher Nährstoff fehlt dem kranken Kind?

I./M 4	Nährstoffbausteine	Materialgebundene AUFGABE

Arbeitsmaterial:

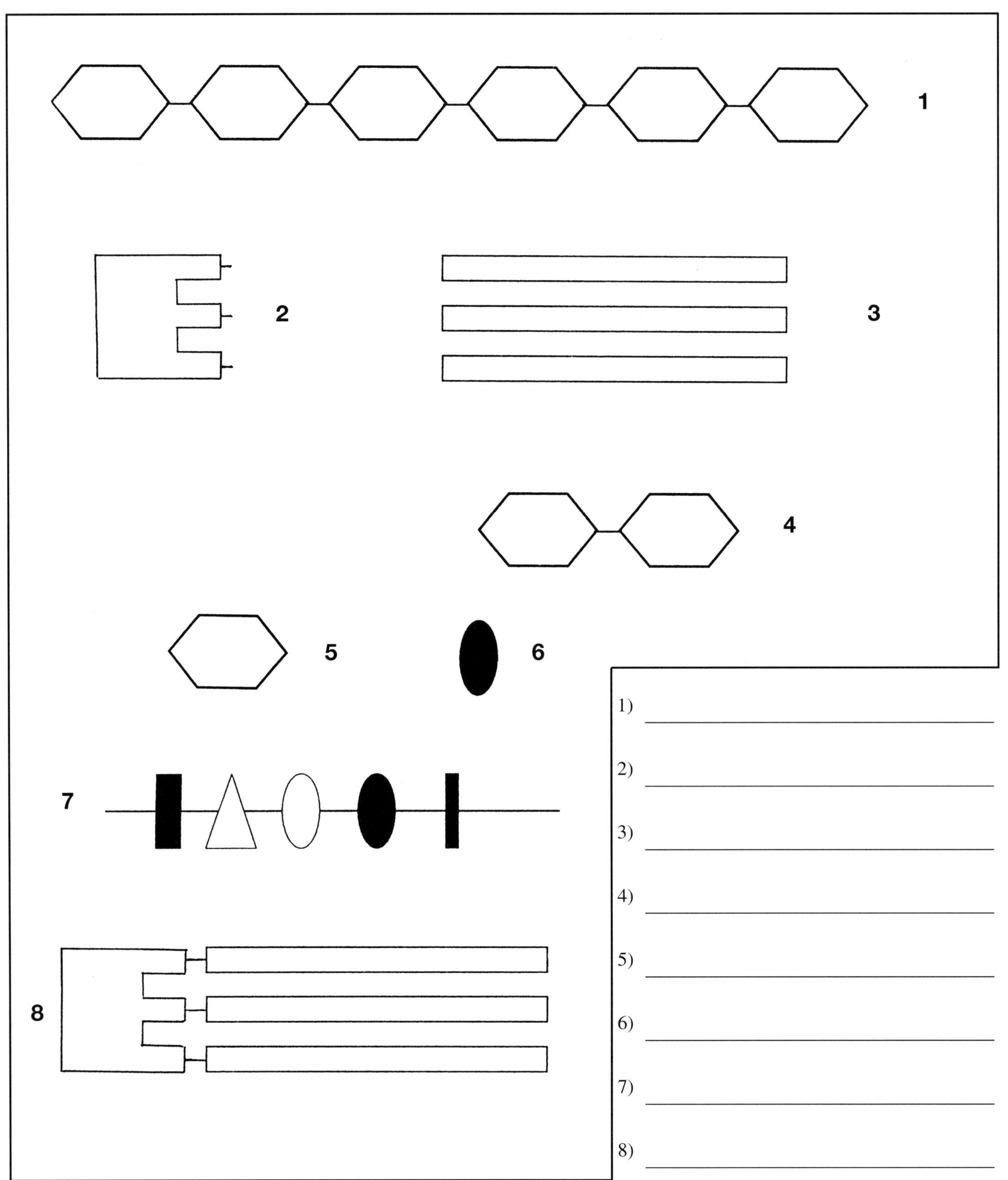

Aufgaben:

Ordne den Ziffern der Nährstoffgruppen und den jeweiligen dazugehörigen Bausteinen die richtigen Begriffe zu.

I./M 5	Tätigkeit und Energiebedarf	Materialgebundene AUFGABE

Arbeitsmaterial:

Fernsehen macht Kinder fett

„Amerikanische Kinder sitzen mittlerweile länger vor dem Fernsehgerät als in der Schule. Neuere Untersuchungen haben ergeben, dass die Kinder um so dicker sind, je mehr Zeit sie vor dem Bildschirm verbringen.

Die Gründe: Vor dem Fernsehgerät bewegen sich die Kinder wenig und verbrauchen so weniger Energien. Gleichzeitig nehmen sie mehr Zwischenmahlzeiten zu sich. Auch die Stars von Kindersendungen sind schlechte Vorbilder: Meist essen sie, wann sie wollen und so viel sie wollen und verführen damit die Kinder zum gleichen Verhalten. Schließlich wird in den Werbespots der Kindersendungen vor allem für Nahrungsmittel geworben."

Quelle: *Hamburger Abendblatt*, 21.1.1986

Aufgaben:

Stelle mit Hilfe der Tabelle fest, wie lange du:
a) Radfahren müsstest, um 100g geröstete Erdnüsse abzuarbeiten.
b) Gartenarbeit machen müsstest, um 1 Tafel Schokolade (150 g) abzuarbeiten.
c) Schwimmen müsstest, um 50g Salzstangen abzuarbeiten.
d) Fußball spielen müsstest, um eine Pizza (450 g) abzuarbeiten.
e) Betten machen müsstest, um 1 Glas Cola abzuarbeiten.

Sportart	Energiebedarf (kJ pro kg Körpergewicht und Stunde)	Nahrungsmittel 100g essbarer Anteil	Energie in kJ
Laufen	41,9	Cola	180
Schwimmen	47,3	geröstete Erdnüsse	2640
Radfahren	32,7	Schokolade	2360
Handball	80	Pizza	2620
Fußball	75,4	Salzstangen	1140
Gartenarbeit	20	Apfel	220
Betten machen	17,2	Pommes Frites	920

I./M 6	**Leistungskurve in Abhängigkeit von der täglichen Energiezufuhr**	**Materialgebundene AUFGABE**

Arbeitsmaterial:

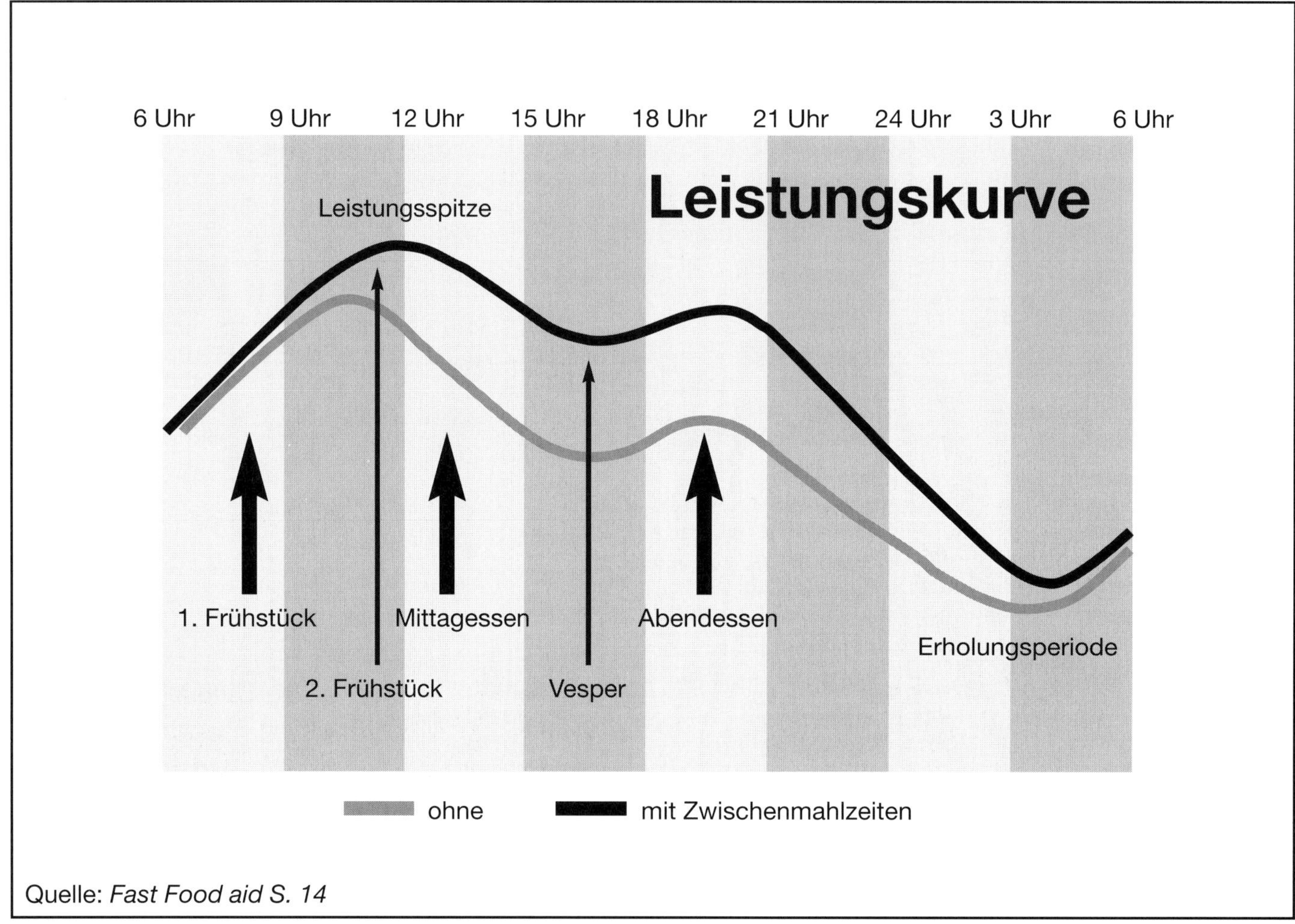

Quelle: *Fast Food aid S. 14*

Aufgaben:

a) Beschreibe die beiden Kurven
b) Erläutere den Zusammenhang zwischen Nahrungsaufnahme und Leistungsvermögen.

I./M 7	Die Bedeutung der Vitamine und Mineralstoffe	Materialgebundene AUFGABE

Arbeitsmaterial:

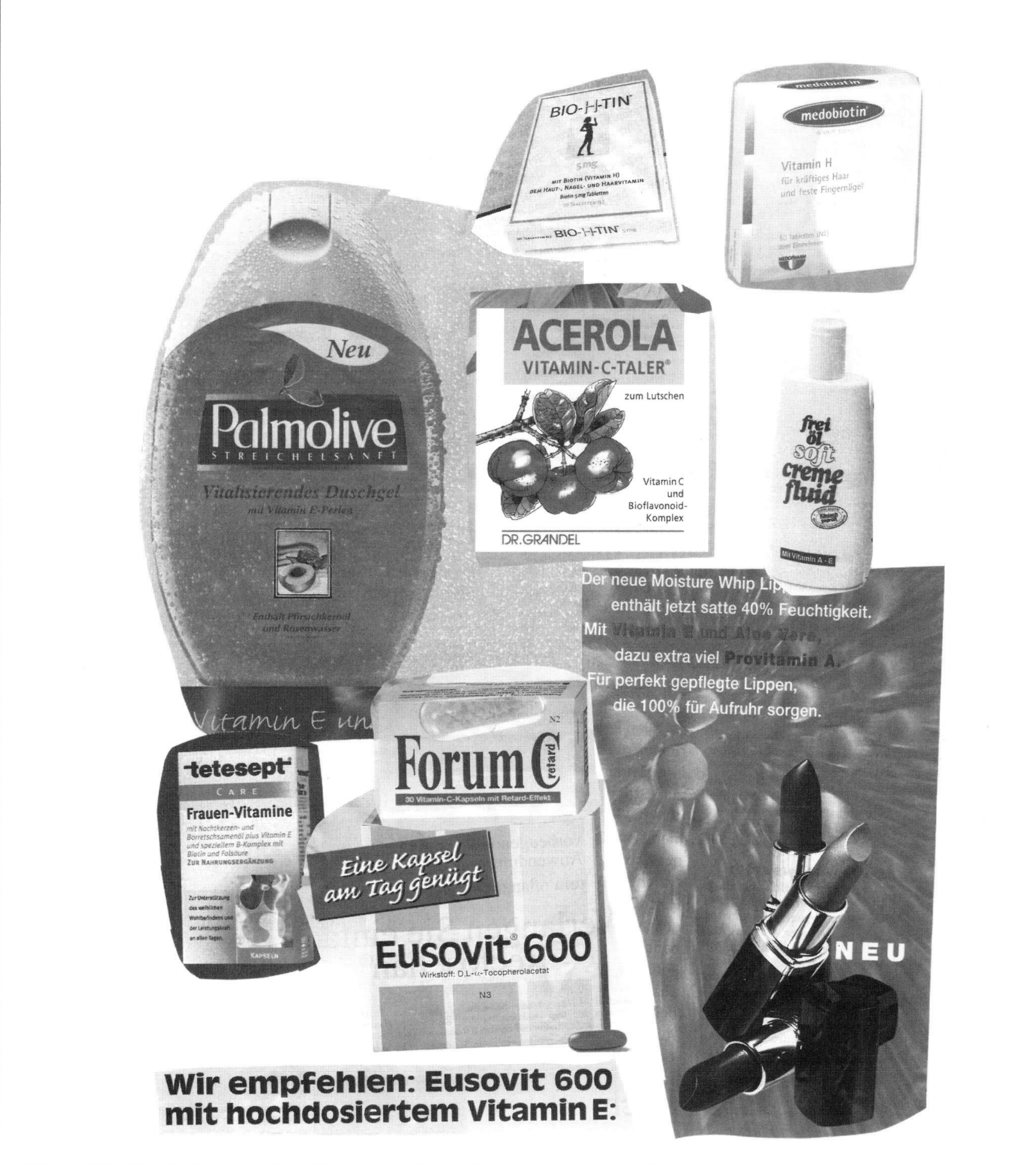

Aufgaben:

a) Welche Produkte enthalten welche Vitamine?
b) Was bewirken die Vitamine?
c) Ist es sinnvoll, diese Produkte mit Vitaminen anzureichern?
d) Was will die Werbung damit bezwecken?
e) Müssen Vitamine dem Körper durch künstliche Präparate zugeführt werden?

| I./M 8 | Der Ernährungskreis | Materialgebundene AUFGABE |

Arbeitsmaterial:

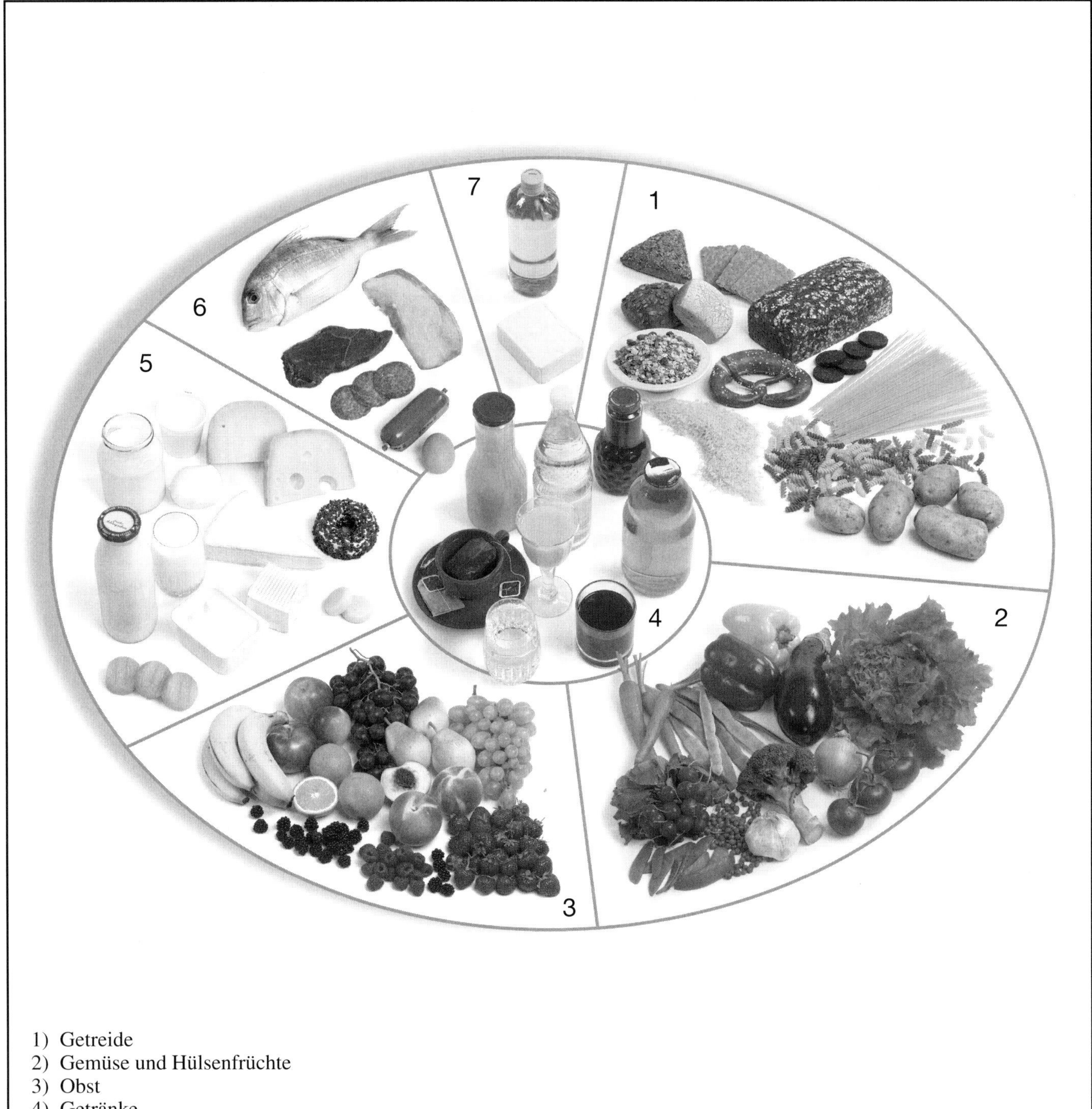

1) Getreide
2) Gemüse und Hülsenfrüchte
3) Obst
4) Getränke
5) Milch und Milchprodukte
6) Fisch, Fleisch und Eier
8) Fette und Öle

Quelle: *Fast Food aid S. 10*

Aufgaben:

a) Beschreibe den Ernährungskreis.
b) Was bedeutet er für deine tägliche Ernährung?

| I./M 9 | **Fast Food** | **Materialgebundene AUFGABE** |

Arbeitsmaterial:

Die „Hamburgeritis"

Wie eine Sucht hat sie sich mittlerweile weltweit ausgebreitet und auch die scheinbar undurchlässigsten Grenzen übersprungen. Vertrieben wird die Ware über ein weltweites, aus den USA gesteuertes Händlernetz. Weltweit bekommen jede Sekunde mehrere hundert Personen ihren „Stoff" und konsumieren in wenigen Augenblicken. Die Umschlagplätze sind nicht schwer zu finden, denn sie befinden sich in jeder mittelgroßen deutschen Stadt meist mitten im Fußgängerbereich und an den Ausfallstraßen. An ihren großen Leuchtreklamesäulen kann man sie leicht erkennen, denn sie sehen überall gleich aus. Von gleicher Qualität ist auch der „Stoff"; er besteht nur aus unterschiedlichen Mischungen. Allen ist jedoch eines gemeinsam, die Ingredenzien sind international: Mehl und Zwiebeln aus den USA, Käse, Pommes und Gemüse aus den BeNeLux-Staaten, Senf aus Bayern, Ketchup aus Italien, Verpackung aus Skandinavien, Spielzeug aus Vietnam. Da absolute Reinheit garantiert wird, brauchen die „Rohstoffe" bei uns nur noch zusammengemixt werden.

(Dieser Text bezieht sich auf die Position der Verbraucher-Zentrale NRW bis Mitte der neunziger Jahre. Das aktuelle Material wird gerade umgestellt und ist wegen technischer Schwierigkeiten nur bedingt zu empfehlen.)

Das Industriefutter macht die Kinder nicht nur anhänglich, sondern auch abhängig. Wer sich ständig mit Pappsemmeln und Milk Shakes ernährt, dessen Körper gewöhnt sich an das Essen des geringsten Widerstands.

Quelle: Natur 10/85

Wissenschaftler haben jetzt Hamburger und Pizza unter die Lupe genommen. Das Ergebnis überrascht: Beim Hamburger stammen 17 Prozent der Kalorien von Eiweiß (eine gute Quote), 44 Prozent von Kohlenhydraten und 39 Prozent von Fett (etwas zu viel). Abgesehen von den Vitaminen A, C, D und Folsäure sind im Hamburger alle wichtigen Nährstoffe enthalten. Noch günstiger fällt die Bilanz bei einer ganz normalen Pizza aus: 15 Prozent Eiweiß, 27 Prozent Fett, 58 Prozent Kohlenhydrate.

Quelle: *Klaus Oberbeil*: Fit und schön durch richtige Ernährung. Praxisbuch.

Aufgaben:

a) Wie könnte eine Diskussion zwischen Fast Food Gegnern und Befürwortern aussehen? Notiere dir Stichpunkte und übe diese Diskussion mit deinem Partner.

b) Was gehört deiner Meinung nach alles zu Fast Food?

I./M 10	Zusammenstellen von Fast Food Kombinationen	Materialgebundene AUFGABE

Arbeitsmaterial:

Die Fast Food-Checkliste

Eine vollwertige Fast Food-Mahlzeit enthält:

- wenig Fett
- ein Getreideprodukt (möglichst aus Vollkorngetreide)
- frisches Obst und Gemüse
- fettarmes Fleisch oder Fisch
- ein fettarmes Milchprodukt
- ein energiearmes Getränk

Fast Food unter der Lupe

	Joule (kJ)	Eiweiß (g)	Fett (g)	Kohlen. (g)	Ballast. (g)	Calcium (mg)	Vitamin E (mg)	Vitamin C (mg)
1 Apfel	282	0,4	0,5	14,9	2,6	9,1	0,6	15,6
1 Müsliriegel	392	1,7	4,7	10,9	1,1	19,3	1,8	0,5
0,33 l Apfelsaft	683	1,0	1,1	35,0	0,0	23,1	1,7	24,5
0,5 l Buttermilch	750	16,0	2,5	20,0	0	550	0,1	5,0
200 g Jogurt (3,5%)	828	5,7	6,4	28,1	1,8	228	0,2	3,1
0,33 l Cola	838	11,0	0,00	35,8	0,0	13,2	0	0
0,33 l Milch	888	10,9	11,6	15,7	0	396	0,2	5,6
1 Hamburger	1067	12,8	8,8	30,8	1,3	*	*	*
1 Cheeseburger	1271	15,0	12,6	31,5	1,3	*	*	*
1 Salat gemischt	1414	15,0	9,0	47,6	15,9	194,3	7,5	78,1
1 Currywurst	2160	14,2	33,6	39,3	2,0	38,6	1,87	7,01
1 Bockwurst	1966	21,6	31,1	26,1	1,7	29,8	0,5	26,37

Aufgaben:

a) Kennzeichne mit der Farbe „Blau" Fast-Food-Mahlzeiten, die Vitamine bzw. Calcium reichlich enthalten und bewerte die unterschiedlichen Fast Food Produkte.

b) Stelle mit Hilfe des Ernährungskreises und einer Nährwerttabelle gesunde Fast Food Kombinationen zusammen.

c) Führe die Diskussion vom Anfang nun noch einmal.

I./M 11	Neu„artige" Lebensmittel	Materialgebundene AUFGABE

Arbeitsmaterial:

Gentechnik und Ernährung

Gentechnik in den Regalen?
Geht es nach den Wünschen von Industrie und Politik, sollen in naher Zukunft gentechnisch veränderte Lebensmittel unsere Regale füllen. Beispielsweise Joghurt mit gentechnisch veränderten Bakterien oder Gen-Tomaten, die wochenlang wie frisch aussehen.
Neben ethischen Problemen ist es vor allem die Frage der Gesundheitsverträglichkeit, die Verbraucherinnen und Verbraucher bewegt. Ist durch den Verzehr von Gen-Food langfristig mit Gesundheitsschäden zu rechnen? Wie verhalten sich die eingebrachten Antibiotikaresistenzen? Wie schützen sich Menschen mit einer Allergie auf Erdnüsse, wenn sich Bestandteile hiervon beispielsweise in einer Tomate wiederfinden? All dies sind Fragen, die zur Zeit niemand beantworten kann.
Was am meisten ärgert: Die Verantwortlichen in der EG konnten sich bis heute, da schon gentechnische Produkte auf dem Markt sind, nicht auf eine klare Kennzeichnung einigen. So könnte man sich als Konsument wenigstens entscheiden, was man essen will oder lieber nicht. Werden sie also heimlich im Regal stehen? Nicht, wenn sich Verbraucherinnen und Verbraucher wehren, indem sie beispielsweise immer wieder auf dem Markt und in den Geschäften nachfragen. Das kann Wunder wirken. Bei Produkten aus dem ökologischen Anbau ist man vor Gentechnik übrigens sicher.

Quelle: www.bund.de

5. Aber es muss doch Vorteile von Gentechnik geben?
Kommt drauf an, für wen. Gentechnik wird gern als Lösung gesehen, ökonomische oder medizinische Probleme in den Griff zu kriegen. Als einzig wahrer Weg soll sie zum Beispiel die Hungersnot, die in vielen Entwicklungsländern herrscht, bewältigen können. Hunger ist allerdings ein politisches Problem und leider nicht mit gentechnischen Tricks lösbar.
Hunger leiden 800 Millionen Menschen auf der Erde, obwohl es genug Lebensmittel für alle gibt. Die Ursachen sind Krisen, Kriege, Armut und vor allem Machtinteressen. Genfood ist nicht dafür gemacht, notleidende Menschen zu unterstützen oder soziales Engagement zu zeigen. Die Pflanzenmanipulation hat gewinnbringende Eigenschaften wie großflächigen Anbau, Pestizidresistenz oder Lagerfähigkeit zum Ziel.

Quelle: www.greenpeace.de

Aufgaben:
a) Stelle anhand der Texte heraus, welche Risiken für den Verbraucher bestehen.
b) Was bedeutet das für die zukünftige medizinische Versorgung?
c) Welche Vorteile verspricht sich die Forschung/Industrie von der Einführung der Gentechnik im Lebensmittelbereich?

I.2.3 Lösungshinweise zu den Aufgaben der Materialien

I./M 1

Die Durchführung einfacher Experimente ist sinnvoll, wenn man den Unterricht problemorientiert konzipiert.

B. Reine Stärke färbt sich mit Lugols Lösung dunkelblau bis schwarz. Durch Zugabe von *Lugols*scher Lösung zum Rückstand der Nahrungsmittelprobe kann man diese somit auf Stärke untersuchen.
C. Das Hühnereiweiß färbt sich in Kontakt mit Salpetersäure gelb. Der Rückstand kann daher unter Zugabe von Salpetersäure auf Eiweiß untersucht werden.
D. Beim *Fehling*schen Nachweis wird Traubenzucker (Glucose) durch einen roten Niederschlag nachgewiesen. Das Filtrat zeigt, sollte Traubenzucker enthalten sein, denselben roten Niederschlag.
E. Fett wird durch Zugabe von Sudan III tiefrot angefärbt. Auf diese Weise kann im Filtrat der Nahrungsmittelprobe Fett nachgewiesen werden.

I./M 2

B. Reine Stärke färbt sich mit Lugols Lösung dunkelblau bis schwarz. Durch Zugabe von *Lugols*scher Lösung zum Casein (Rückstand) der Milch kann man diese somit auf Stärke untersuchen.
C. Das Hühnereiweiß färbt sich in Kontakt mit Salpetersäure gelb. Der Rückstand (Casein) kann daher unter Zugabe von Salpetersäure auf Eiweiß untersucht werden.
D. Beim *Fehling*schen Nachweis wird Traubenzucker (Glucose) durch einen roten Niederschlag nachgewiesen. Das Filtrat (Molke) zeigt in Anwesenheit von Traubenzucker denselben roten Niederschlag.
E. Fett wird durch Zugabe von Sudan III tiefrot angefärbt. Auf diese Weise kann in der Molke (Filtrat) der Milch Fett nachgewiesen werden.

I./M 3

a) Brenn- oder Betriebsstoffe: Kohlenhydrate und Fette. Bedeutung für den menschl. Körper: Energielieferanten für:
– Körperwärme
– körperliche Arbeit (Bewegung)
– Stoffwechsel (z. B. Herztätigkeit, Atmung)
Baustoffe: Eiweißstoffe (auch Mineralstoffe und Wasser)
Bedeutung für den menschl. Körper: Aufbau körpereigener Proteine für:
– Wachstum (Zellaufbau)
– Erhaltung des Körpers
– Aufbau und Erhalt von Knochen und Zähnen
– geistige Arbeit
b) Dem Kind fehlen Eiweißstoffe, daher leidet es unter Muskelschwund, was man sehr gut an den dünnen Armen und Beinen erkennen kann.

I./M 4

1) Polysaccharid (Vielfachzucker)
2) Glycerin
3) Fettsäuren
4) Disaccharid (Zweifachzucker)
5) Monosaccharid (Einfachzucker)
6) Aminosäure
7) Eiweißteilchen
8) Fettteilchen

I./M 5

Die Berechnung erfolgt folgendermaßen:

$$xh = \frac{\text{Energie des Nahrungsmittels}}{\text{Energiebedarf (kJ x kg Körpergewicht/h)}}$$

Geht man von einem Gewicht von 50kg aus, so lauten die Ergebnisse für:
a) 1,6 h
b) 3,54 h
c) 0,25 h
d) 3,1 h
e) 0,41 h

I./M 6

a) Die Leistungskurve der Person, die keine Zwischenmahlzeiten (2. Frühstück, Vesper) zu sich nimmt, zeigt einen erheblich flacheren Verlauf.
Die Person, die Zwischenmahlzeiten zu sich nimmt, kann erheblich besser denken und arbeiten, da sie durch 5 Mahlzeiten viel leistungsfähiger ist, was sich an der steileren Leistungskurve ablesen lässt. So wirkt das 2.Frühstück dem Leistungsabfall vor der Mittagspause entgegen und die Vesper kann eine Leistungssteigerung nach dem Mittagstief unterstützen.
b) Durch die kontinuierliche Zufuhr von Energie durch Nahrung kommt es zu keiner Energielücke, was zu dem gesteigerten Leistungsvermögen führt.

I./M 7

a) Vitamin E enthalten in: Palmolive, Lippenstift und Eusovit
Vitamin H: medobiotin, Bio-H-tin,
Vitamin C: Forum C, Acerola
Provitamin A: Lippenstift
b) Vitamin E: gesunde Haut
Vitamin H: kräftiges Haar und gesunde Fingernägel
Vitamin C: stärkt das Immunsystem
Vitamin A: gesunde Haut
c) In dem Fall Duschgel und Lippenstift kann es vernünftig sein diese Produkte mit Vitamin E anzureichern, da sie direkt Kontakt mit der Haut haben und Seife und Lippenstift die Haut angreifen und schädigen können. Ansonsten ist es unsinnig, weil die Vitamine vernünftigerweise mit der Nahrung aufgenommen werden sollten

und eine künstliche Zufuhr sich auch schädigend auf den Organismus auswirken kann.
d) Sie will den Leuten vorgaukeln, wie gesund ihre Produkte im Gegensatz zu anderen sind, die diese Vitamine nicht enthalten und so ihren Umsatz steigern.
e) Nein, denn eine vernünftige ausgewogene Nahrung enthält alles, was der Körper benötigt.

I./M 8

a) In der Praxis nimmt man keine isolierten Nährstoffe zu sich, sondern isst und trinkt Lebensmittel, die verschiedene Nährstoffe in unterschiedlichen Gewichtsanteilen, enthalten. Als Hilfe bei der Zusammenstellung einer vollwertigen Ernährung hat die Deutsche Gesellschaft für Ernährung (DGE) den Ernährungskreis entwickelt. Der Ernährungskreis ist in unterschiedlich große Segmente aufgeteilt, in denen Lebensmittel abgebildet sind, die verschiedenen Gruppen zugehören.
b) Je nach Größe des jeweiligen Segments sollten die Nahrungsmittel in unterschiedlichen Mengen zur täglichen Ernährung hinzugezogen werden. Man kann also viel essen von der Gruppe 1: Getreide, Getreideprodukte und Kartoffeln, der Gruppe 2: Gemüse und Hülsenfrüchte, der Gruppe 3: Obst und auch der Gruppe 4: Getränke. Weniger sollte man von der Gruppe 5: Milch und Milchprodukte und der Gruppe 6: Fisch, Fleisch und Eier essen und am allerwenigsten von der Gruppe 7: Fette und Öle.
Man kann daher mit dem Ernährungskreis sein Essen ohne großes Kalorienzählen oder genauere Nährwertanalysen optimal zusammenstellen.

I./M 9

Fast Food Gegner:
– das genormte Essen der Systemgastronomen (Mc Donalds, Burger King, Pizza Hut) führt zu einer eingeschränkten Geschmacks- und Genussvielfalt, weil das Essen überall gleich schmeckt
– das Essen macht süchtig, weil man sich daran gewöhnt nicht mehr groß zu kauen, sondern alles einfach schlucken zu können
– man hat einen enorm hohen Müllanteil, weil alles einzeln verpackt wird
– enorm hoher Energieaufwand, weil die Rohstoffe von überall antransportiert werden und nicht die vor Ort hergestellten Produkte verwendet werden
– es führt zu mangelnder Esskultur

Fast Food Befürworter:
– man kann auch gesundes Fast Food zu sich nehmen, da Fast Food eigentlich nur schnelles Essen heißt und nicht ungesundes
– das Angebot an Fast Food ist nicht einseitig, sondern enorm vielfätig
– Fast Food ist zeitgemäß, da man oft nicht mehr die Zeit hat, groß zu kochen
– Die Esskultur ist bei Fast Food nicht schlechter, sondern anders, es gibt eben eine spezielle Esskultur, die nicht gleichbedeutend mit schlechter ist

b) Fast Food ist alles, was sich für ein Essen auf die Schnelle eignet. Das reicht von Burgern über Döner, Currywurst, Pommes frites, Pizza, Falafel aber auch zu belegten Brötchen. Streng genommen gehört auch die Buttermilch aus dem Supermarkt, der Apfel vom Markthändler oder das zu Hause vorbereitete Butterbrot dazu.

I./M 10

a) Viel Calcium enthalten: Buttermilch, Joghurt, Milch und Salat.
Vitamin E enthält: Salat, Müsliriegel
Vitamin C: Apfelsaft, Salat und Bockwurst
Die Produkte, die viel Blau enthalten sind als Fast Food Mahlzeiten gut geeignet, jedoch sollte man gleichzeitig auch immer auf den Energiegehalt achten. So enthält die Bockwurst zwar eine ansehnliche Menge an Vitamin C, enthält jedoch auch zu viel Fett.

b) Gesunde Fast Food Kombinationen sind z. B. ein gemischter Salat mit einem Glas Buttermilch oder ein Joghurt mit einem Müsliriegel.

c) Es zeigt sich, dass wenn man auf die Ernährung achtet, sich auch mit Fast Food gesund ernähren kann.

I./M 11

a) – Allergien treten vermehrt auf, allergene Lebensmittel können nicht gemieden werden, da man nicht weiß, worin das Allergen enthalten ist
– Antibiotikaresistenz
– keine klare Kennzeichnung
b) Behandlungsmöglichkeiten mit Antibiotika sind eingeschränkt - wird eine Lungenentzündung wieder zum Todesurteil weil kein Antibiotikum mehr wirkt?
c) – Bewältigung von Hungersnöten durch gesicherte Ernteerträge und damit eine Verbesserung der Lebensqualität
– großflächiger Anbau
– mit der Gentechnik können Nutzpflanzen widerstandsfähiger gegen Krankheiten und Schädlinge gemacht werden
– längere Haltbarkeit und Lagerfähigkeit
(– mehr Vitamine, Ballaststoffe oder lebenswichtige Aminosäuren bilden sich)

I.3 Medieninformation

I.3.1 Audiovisuelle Medien

FWU-Video 42 01058: Die Macht der Gewohnheit, 20 min

Annotation: *Der Film zeigt, dass Ernährungsgewohnheiten selten vernunftbestimmt sind, sondern unbewusst von Eltern und Vorbildern übernommen werden. Ernährungsgewohnheiten werden verglichen und die Schwierigkeit gezeigt, erworbenes falsches Essverhalten zu ändern.*

FWU-Video 42 01059: Wer sich falsch ernährt, lebt verkehrt, 18 min

Annotation: *Gezeigt wird der Zusammenhang zwischen Blutzuckerspiegel und Konzentrations- und Leistungsfähigkeit. An der Leistungskurve wird die Wichtigkeit einer regelmäßigen Energiezufuhr entsprechend dem Bedarf erörtert. Fehlernährung kann gesundheitliche Folgen haben.*

FWU-Video 42 0160: Wer richtig ißt, hat es leichter, 20 min

Annotation: *Ernährungsgewohnheiten von früher und heute werden verglichen. Der „Ernährungskreis" wird als Orientierungshilfe für eine ausgewogene Ernährung vorgestellt. Richtige Energie- und Nährstoffzufuhr wird an einem Mittagessen demonstriert und Vollwertkost als Alternative aufgezeigt.*

FWU-Video 42 01061: Viele Wege führen zum Ziel, 19 min

Annotation: *Gegenüberstellung der Ernährungsgewohnheiten verschiedener Klima- und Vegetationszonen. Als Alternative zur „Normalkost" werden Vegetarier und Makrobioten vorgestellt, z. T. auch die Lebensphilosophie, die der Ernährungsweise zugrunde liegt.*

FWU-Video 42 02316: Gentechnik und Arzneimittel in der Fleischproduktion, ca. 25 min

Annotation: *Die Nahrungsmittelindustrie der USA stellt im Vergleich zu Europa Fleisch in unvorstellbaren Mengen unter hohem Einsatz von Gentechnik und Arzneimitteln her. Der Film hinterfragt, mit welchen sozialen und ethischen Kosten diese hohe Produktivität erreicht wird und inwiefern die amerikanischen Produzenten Bedrohung oder Vorbild für die europäische Lebensmittelversorgung sein können.*

FWU-Video 42 02194: Gentechnisch behandelte Lebensmittel, 30 min sw + f

Annotation: *Höhere Erträge oder umweltbewusster Umgang mit der Natur, risikobehaftete Zuchterfolge bevor die internationale Konkurrenz zuschlägt oder Verantwortungsethik? Die unverändert übernommene Sendung des ORF mit dem programmatischen Titel „Poker mit der Natur" veranschaulicht diese Problematik exemplarisch an der Produktion von Tieren mit Menschen-Genen, von herbizid-, bakterien- und virenresistenten Nutzpflanzen.*

FWU-Video 42 01814: Gentechnik - spielen die Wissenschaftler Gott?, 24 min

Annotation: *Werfen wir weiter als wir sehen können? Der Film beschreibt Pro- und Contra-Positionen bekannter Naturwissenschaftler, Philosophen und Theologen zu umstrittenen Fragen der Gentechnik: Genmanipulierte Pflanzen freisetzen? Patentierung des Lebens? Gesunde Kinder nach Plan? Menschen züchten? Wie weit darf der Mensch gehen?*

I.3.2 Zeitschriften

Auswertungs- und Informationsdienst für Ernährung, Landwirtschaft und Forsten (aid) e.v.: Fast Food. Nr. 1199, Bonn 1997

aid e.v.: Mein Weg zum Wunschgewicht. Nr. 1389, Bonn 1998

aid e.v.: Gentechnik in der Lebensmittelherstellung. Nr. 3273, Bonn 1998

aid e.v.: Food Mahlzeit. Nr. 3219, Bonn 1997

Barmer Ersatzkasse: Eßstörungen bei Kindern und Jugendlichen, Wuppertal

Bundeszentrale für gesundheitliche Aufklärung (BZgA): Essstörungen, Köln

Experimente zur Biologie; Arbeitshefte für die Sekundarstufe I: Nahrungsmitteluntersuchungen. Aulis Verlag Deubner & Co KG, Köln (1977)

Geo-Wissen: Nahrung und Gesundheit, Heft 1/1990

Kattmann, U. (Hrsg.): Stoffwechsel. Sammelband in Unterricht Biologie, Jahrgang 1994, Friedrich Verlag

I.3.3 Bücher

Baer, H.-W.: Biologische Versuche im Unterricht. Aulis Verlag Deubner & Co KG, Köln (1985)

Eschenhagen, D., Kattmann, U. und Rodi, D. (Hrsg.): Handbuch des Biologieunterrichts - Sekundarbereich I, Bd. 3 Stoff- und Energiewechsel. Aulis Verlag Deubner & Co. KG, Köln (1995)

II. Unterrichtseinheit (UE): Verdauung

Lernvoraussetzungen:

Grundkenntnisse über die Zusammensetzung der Nahrung, der Osmose und Diffusion, sowie Grundkenntnisse in Chemie und Übung im experimentellen Bereich (Einige der Voraussetzungen können auch im Verlauf des Unterrichts erworben werden).

Gliederung:

Die Pfeile geben die hier vorgeschlagene Unterrichtssequenz inhaltlicher Schwerpunkte dieser Unterrichtseinheit an. Es sind aber auch andere Sequenzen denkbar.

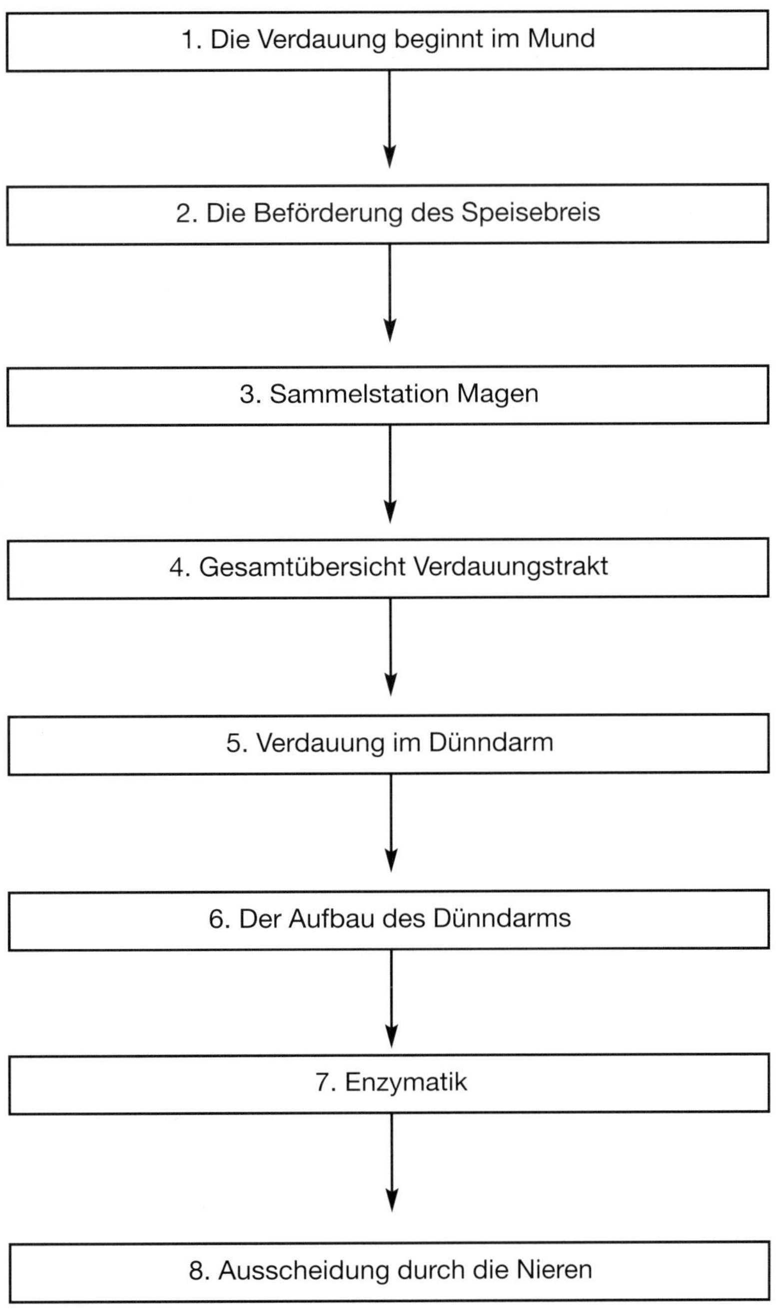

Zeitplan:

Die skizzierte Unterrichtseinheit wird etwa 10 Stunden beanspruchen.

II.1 Sachinformationen:

Bauchspeicheldrüse:
Die Bauchspeicheldrüse, auch Pankreas genannt, ist die zweitgrößte Drüse im Körper und stellt eigentlich eine Doppeldrüse dar, weil in ihr die *Langerhansschen Inseln* liegen, die Insulin produzieren. Die Enzyme des Bauchspeichels haben im Dünndarm eine vielfältige Wirkung. Die *Amylase* ist für den Abbau der Stärke zu Maltose verantwortlich, das *Trypsin* spaltet die Polypeptide zu Peptiden und die *Lipase* zerlegt die Fette in Fettsäuren und Glyzerin.

Dickdarm:
Dieser ca. 1,5 m lange Darmabschnitt schließt sich oberhalb des Blinddarms an den Dünndarm an und endet mit dem Mastdarm. In ihm wird der verdauten Nahrung fast alles Wasser (bis zu 8 l täglich) entzogen, der Inhalt wird somit eingedickt und Zellstoff wird vergärt.

Dünndarm:
Er ist ein etwa 4 m langer Schlauch, der vielfach gewunden den Bauchraum ausfüllt. Er besteht aus dem Zwölffingerdarm, dem Leerdarm und dem Krummdarm. Im Krummdarm werden die in einfache Bestandteile zerlegten Nahrungsmittel von der Darmwand in die Blut- und Lymphbahn aufgenommen.

Enzyme:
Fermente. Eiweißstoffverbindungen, die in Drüsen gebildet werden und als Katalysatoren wirken und bestimmte chemische Reaktionen beschleunigen oder hemmen. Die Verdauungsenzyme spalten die Nährstoffe unserer Nahrung in kleinere Bausteine. Da jedoch jedes Enzym nur einen ganz bestimmten Vorgang bewirkt, sind an der Zerlegung eines Nährstoffes meist mehrere Fermente beteiligt. Jedoch haben wir nicht für alle Bestandteile der Nahrung die entsprechenden Enzyme, wie z. B. für Cellulose. Diese Stoffe erleiden daher im Darm keine Veränderung; sie sind unverdaulich und werden mit dem Kot ausgeschieden.

Gallenblase:
Sie stellt ein blasenförmiges Reservoir für die in der Leber produzierte Galle dar. Glatte Muskelfasern in der Wand der Gallenblase sorgen für die Entleerung in den Zwölffingerdarm.

Leber:
Die Leber ist etwa 1,5 kg schwer und stellt die größte Drüse des Körpers dar. Sie liegt unterhalb des Zwerchfells in gleicher Höhe mit dem Magen und füllt den rechten oberen Teil der Bauchhöhle fast ganz aus. Sie hat viele Aufgaben. Sie produziert die Galle, die Fett in feinste Tröpfchen emulgiert und in der Gallenblase gespeichert wird, beseitigt Giftstoffe, stellt wichtige Blutproteine her und speichert Vitamine und Eisen.

Magen:
Dieser ist sehr muskulös, fasst 1,5–2 Liter und wird durch Klappen verschlossen. Im Magen wird die Nahrung durchmischt und mit Magensaft versetzt, eine wasserklare, etwas schleimige Flüssigkeit, die Salzsäure (0,5%) enthält. Außerdem enthält er das Enzym Pepsin, das Eiweiße in Polypeptide spaltet. Der Magen schützt sich vor der Eigenverdauung durch den in den Nebenzellen produzierten Magenschleim, der eine dicke Schleimschicht bildet. Flüssigkeiten treten durch eine Rinne, die sich aus Längsfalten der Magenschleimhaut bildet ("Magen-

straße"), rasch in den Darm über, während feste Speisen eine längere Verweildauer im Magen aufweisen. Je nach der Dauer des Aufenthalts im Magen spricht man von leicht und schwer verdaulichen Speisen. Der Ausgang des Magens zum *Zwölffingerdarm* ist gewöhnlich durch einen Muskelring, den *Pförtner* verschlossen. Peristaltische Bewegungen der Magenmuskulatur drücken den Speisebrei, nach dem Aufenthalt im Magen, in den *Zwölffingerdarm*.

Magenforscher
Der Arzt *William Beaumont* (1785–1853) behandelte 1822 den Reisenden Alexis St. Martin, der nach einem Bauchschuss ein Loch im Magen hatte. Er überlebte, aber das Loch schloss sich nicht. Man musste es mit Stoff zustopfen, damit der Mageninhalt nicht auslief. St. Martin stellte sich jahrelang für *Beaumonts* Forschung zur Verfügung. Der Arzt analysierte Proben aus dem Magen, wies Salzsäure nach und studierte die Bewegungen des Magens.

Resorption:
Aufnahme der mit Hilfe der Verdauung wasserlöslich gemachten Bausteine der Nährstoffe durch die Darmzotten der Dünndarmwand in die Blut- oder Lymphbahn.

Schlucken:
Beim Schlucken drückt die Zunge gegen den Gaumen und schiebt die Nahrung oder die Flüssigkeit nach oben und hinten. Gleichzeitig bewegt sich der weiche Teil des Gaumens nach oben: Er verschließt den Weg zur Nase, so dass dort nichts eindringen kann. Schließlich klappt der Kehldeckel nach unten, und der Kehlkopf schiebt sich nach vorn und oben. Dadurch schließt sich die Luftröhre, die Speiseröhre öffnet und der Mundinhalt wird durch den Rachen und die Speiseröhre in den Magen befördert. Man kann auch im Kopfstand schlucken, weil die Nahrung durch Muskelringe in der Speiseröhre transportiert wird und nicht in den Magen "fällt". Diese Muskelringe ziehen sich hinter der Nahrung zusammen und schieben sie weiter, dieser Vorgang wird als Peristaltik bezeichnet.

Speichel:
Speichel ist eine farblose Flüssigkeit, der in den Speicheldrüsen gebildet wird, die unter der Zunge und in den Wangen liegen. Speichel besteht vor allem aus Wasser und etwas Schleim. Außerdem enthält er das stärkeverdauende Enzym Ptyalin (von gr. Ptyalon Speichel), das Stärke in Malzzucker umwandelt. Deshalb schmeckt Brot, das längere Zeit gekaut wird, süß. Er wird jedoch unwirksam, wenn er mit dem sauren Magensaft in Berührung kommt, da er seine Wirkung nur in neutralen oder alkalischen Lösungen ausüben kann. Der Speichel kann daher seine Wirkung am besten ausüben, je länger die Nahrung im Mund verbleibt und gekaut wird. Daher das Sprichwort: "Gut gekaut ist halb verdaut".

Überblick über das Verdauungsgeschehen

Organ/Drüse(n)	Verdauungssäfte	Enzym(e)	Vorgang
Unterzungen-, Unterkiefer-, Ohrspeicheldrüse	Speichel	Ptyalin	Abbau von Stärke in Malzzucker (Maltose)
Magen	Magensaft	Pepsin	Spaltung der Eiweiße in Polypeptide
Bauchspeicheldrüse	Bauchspeichel	Amylase Trypsin Lipase	Abbau von Stärke zu Maltose Spaltung von Polypeptiden zu Peptiden Abbau von Fetten zu Fettsäuren und Glyzerin
Leber	Galle		emulgiert Fett in feinste Tröpfchen
Dünndarm	Dünndarmsaft	Maltase und Saccharase Erepsin Lipase	Abbau der Kohlenhydrate zu Glucose Spaltung von Peptiden in Aminosäuren Abbau von Fetten zu Fettsäuren und Glyzerin
Dickdarm			Eindicken der Nahrungsreste Rückgewinnung des Wassers

Zwölffingerdarm:
Er ist der erste Abschnitt des Dünndarms. In seiner Mitte münden die Ausführgänge der Bauchspeicheldrüse und der Leber in den Darm.

Selbstversuche
Santorio Santorio (1561 – 1636, Professor der Medizin zu Padua). Er war wohl einer der ersten, der exakte Messungen in die Physiologie einführen wollte. Nichts faszinierte ihn mehr als das Messen und Aufzeichnen von Befunden. 30 Jahre seines Lebens verbrachte er hauptsächlich in seiner selbstgebauten Waage (unten). In ihr tat er alles: Essen, Schlafen, Ausscheiden, sogar Geschlechtsverkehr, und nach jeder Verrichtung hielt er seine Gewichtsveränderung akribisch fest. Unerklärliche Gewichtsverluste führte er auf „unsichtbare Dämpfe" zurück, die den Körper verlassen.

II.2 Informationen zur Unterrichtspraxis

II.2.1 Einstiegsmöglichkeiten

Einstiegsmöglichkeiten	Medien
A.	
■ L zeigt Folie Selbstversuche des Mediziners Santorio Sanctorius ▶ **Problemfrage**: Was passiert mit der Nahrung im Körper?	■ Folie 3
B.	
■ L fordert SuS auf, Redensarten zum Thema „Verdauung" zu nennen. ▶ Problemfrage: Was geschieht mit der Nahrung in unserem Körper?	■ Tafel („Liebe geht durch den Magen", „Der Appetit kommt beim Essen" etc.)

I.2.2 Erarbeitungsmöglichkeiten

Erarbeitungsschritte	Medien
A./B.1. Die Verdauung beginnt im Mund	
■ L fordert SuS auf, Brot einige Minuten langsam zu kauen, ohne den Nahrungsbrei herunter zu schlucken, und ihre Beobachtungen zu notieren. ■ SuS-Übung: arbeitsteilige Gruppenarbeit: ***Unterrichtliche Anmerkung:*** *Die S sollten in der Lage sein, aufgrund ihrer Vorkenntnisse durch die Versuche zur Ernährung, die Versuchsplanung selber zu entwickeln, evtl. kann der L Ergänzungsvorschläge machen.* ■ Unterrichtsgespräch: „Das Wasser läuft mir im Mund zusammen".	■ Brotstückchen, Tafel ■ Material II./M 1 (Experiment): Versuchsprotokoll (Stärke wird im Mund zu Zucker zerlegt) ■ Material Modell Käsebrötchen (Ein Teil des Brötchens, der Stärkeketten, wird auseinandergenommen)
A./B.2. Beförderung des Speisebreis	
■ L fordert einen S auf, im Kopfstand zu essen und zu trinken ■ Unterrichtsgespräch: Erklärt das Ergebnis! ■ L zeigt ein Funktionsmodell (Seidenstrumpf und Ball) und fordert die S auf, daran die Bewegungen der Speiseröhre zu demonstrieren. ■ SuS-Übung: Die Bewegungen der Speiseröhre	■ Material II./M 2 (Materialgebundene Aufgabe): Die Bewegungen der Speiseröhre

Erarbeitungsschritte	Medien

A./B.3. Sammelstation Magen

■ L erzählt von den Versuchen Dr. Beaumonts an Alexis St. Martin und lässt S die Verweildauer verschiedener Speisen im Magen schätzen.	■ evtl. Folienkopie der Versuche (s. Sachinformationen)
■ L teilt Arbeitsblätter „Der Magen" aus	■ Material II./M 3 (Materialgebundene Aufgabe): Der Magen und ■ Torso
■ Versuche zur Klärung der Vorgänge im Magen	■ Material II./M 4 (Experiment): Untersuchung der Vorgänge im Magen ■ Material Modell Käsebrötchen
■ Unterrichtsgespräch: Warum verdaut der Magen sich nicht selber?	

A./B.4. Gesamtübersicht: Verdauungstrakt

■ L teilt Puzzle aus: Wir wollen erkunden, wie der Verdauungstrakt aufgebaut ist.	■ Material II./M 5 (Materialgebundene Aufgabe): Puzzle: Übersicht über den Verdauungstrakt
■ Unterrichtsgespräch: Jemand wird am Blinddarm operiert – was ist damit gemeint?	
■ Versuch: Höre mit einem Stethoskop deinen Verdauungstrakt ab: Wie lassen sich die Geräusche erklären?	■ Material: Stethoskop

A./B.5. Verdauung im Dünndarm

■ L zeigt Öltropfen auf Wasser	
■ Versuche zur Verdauung im Dünndarm ***Unterrichtliche Anmerkung:*** *Inwieweit hier die einzelnen Enzyme des Pankreatins benannt werden, hängt vom Leistungsstand der Lerngruppe ab und bleibt somit dem L überlassen. Der Hinweis, dass Pankreatin verschiedene Enzyme enthält, sollte jedoch im Hinblick auf die Substratspezifität der Enzyme nicht entfallen.*	■ Material II./M 6 (Experiment): Versuchsanleitung ■ Material Modell Käsebrötchen

A./B.6. Der Aufbau des Dünndarms

■ Unterrichtsgespräch: Die Nährstoffe müssen aufgenommen werden, der Aufbau des Dünndarms	■ Material II./M 7 (Materialgebundene Aufgabe): Der Aufbau des Dünndarms
■ SuS-Übung: Mikroskopieren von Fertigpräparaten	■ Material: Fertigpräparate eines Längsschnittes
■ L zeigt Funktionsmodell (Frotteehandtuch und normales Handtuch) und fordert S auf, das Prinzip der Oberflächenvergrößerung daran zu erläutern.	■ Frotteehandtuch, normales Handtuch

A./B.7. Enzyme

■ L: Wir haben jetzt eine ganze Reihe Enzyme kennengelernt. Nenne einige mit ihrer Wirkungsweise und ihrem Wirkungsort.	■ Tafel

Erarbeitungsschritte	Medien
■ L: Überlegt euch ein Modell zur Wirkungsweise. Zieht dazu die Nährstoffmodelle vor und nach ihrem Kontakt mit Enzymen heran. Hilfe: Tipp Schere ■ Unterrichtsgespräch: Die Wirkungsweise der Enzyme	 ■ Tafel
A./B.8. Ausscheidung durch die Nieren	
■ L zeigt Nierensticks und sammelt Alltagserfahrungen der S ■ L lässt von S die Lage der Nieren am Torso zeigen. ■ L nennt einige Zahlen zur Größe und Produktivität der Nieren. ■ Unterrichtsgespräch: Dialyse	 ■ Torso ■ Material II./M 8 (Materialgebundene Aufgabe): Der Bau der Niere ■ Material II./M 9 (Materialgebundene Aufgabe): Die Funktion der Nephrone ■ Material II./M 10 (Materialgebundene Aufgabe): Die Dialyse

II./M 1	**Die Verdauung beginnt bereits im Mund**	**EXPERIMENT**

Arbeitsmaterial:

Versuchsprotokoll

Thema: Wirkung von Speichel

Material und Geräte: Sechs Reagenzgläser, Reagenzglasgestell, Wasserbad, Brenner, destilliertes Wasser, *Lugol*sche Lösung (Iod-Kaliumiodid-Lösung), *Fehling*sche Lösung I + II, Schutzbrille.

Durchführung:
A. Untersuchung des ungekauten Brotes auf Stärke: Zerkleinere das Brot und gib es in ein Reagenzglas. Füge etwas Wasser hinzu. Gib einige Tropfen *Lugol*sche Lösung zu deiner Probe und halte dein Versuchsergebnis fest.

B. Untersuchung des ungekauten Brotes auf Zucker: Zerkleinere das Brot und gib es in ein Reagenzglas und füge Wasser hinzu. Mische *Fehling*sche Lösung I + II zu gleichen Teilen. Gib davon einige Tropfen zu deiner Probe. Notiere das Ergebnis.

C. Untersuchung des gekauten Brotes auf Stärke: Kaue ein Stück Brot mindestens drei Minuten lang. Gib einen Teil davon in ein Reagenzglas, das du für deine nächste Untersuchung brauchst und den anderen Teil in ein Reagenzglas, das du jetzt untersuchst, indem du ein paar Tropfen *Lugol*sche Lösung hinzugibst. Schreibe das Versuchsergebnis auf.

D. Untersuchung des gekauten Brotes auf Zucker: Untersuche nun das Reagenzglas mit dem gekauten Brot. Gib einige Tropfen *Fehling*sche Lösung I + II hinzu und notiere das Ergebnis.

E. Untersuchung von Speichel auf Stärke: Gib zu etwas Speichel ein paar Tropfen *Lugol*sche Lösung. Notiere das Ergebnis.

F. Untersuchung von Speichel auf Zucker: Gib etwas *Fehling*sche Lösung I + II zu einer Speichelprobe. Schreibe das Versuchsergebnis auf.

Aufgaben:

a) Vervollständige das Versuchsprotokoll.
b) Entwickle einen Versuch, mit dem du ermitteln kannst, bei welcher Temperatur der Stärkeabbau am Optimalsten verläuft.

II./M 2	**Die Bewegungen der Speiseröhre**	**Materialgebundene AUFGABE**

Arbeitsmaterial:

Der Schluckvorgang

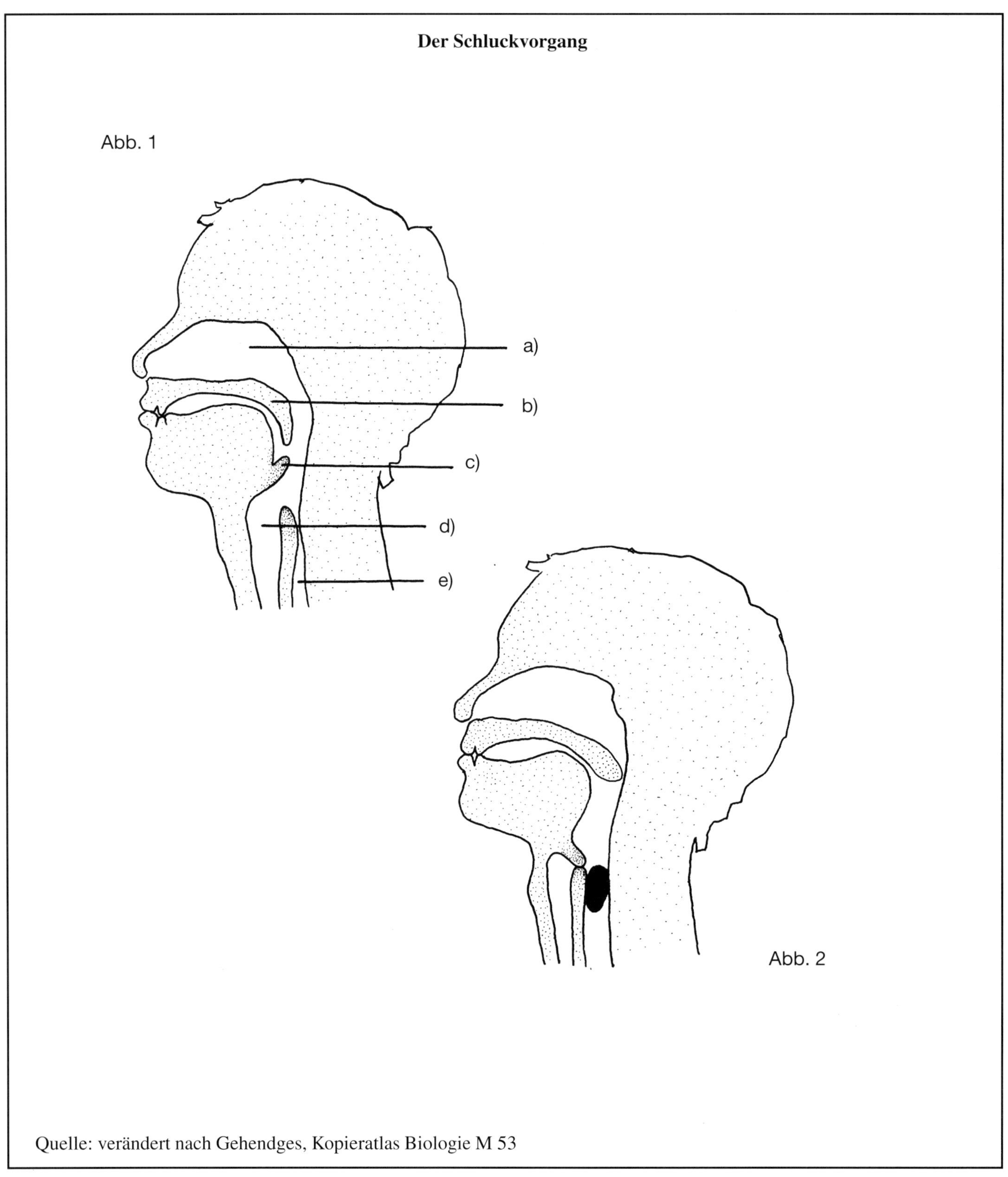

Quelle: verändert nach Gehendges, Kopieratlas Biologie M 53

Aufgaben:

a) Beschrifte Abb. 1.
b) Erläutere den Schluckvorgang anhand der beiden Abbildungen.

II./M 3	Der Magen	Materialgebundene AUFGABE

Arbeitsmaterial:

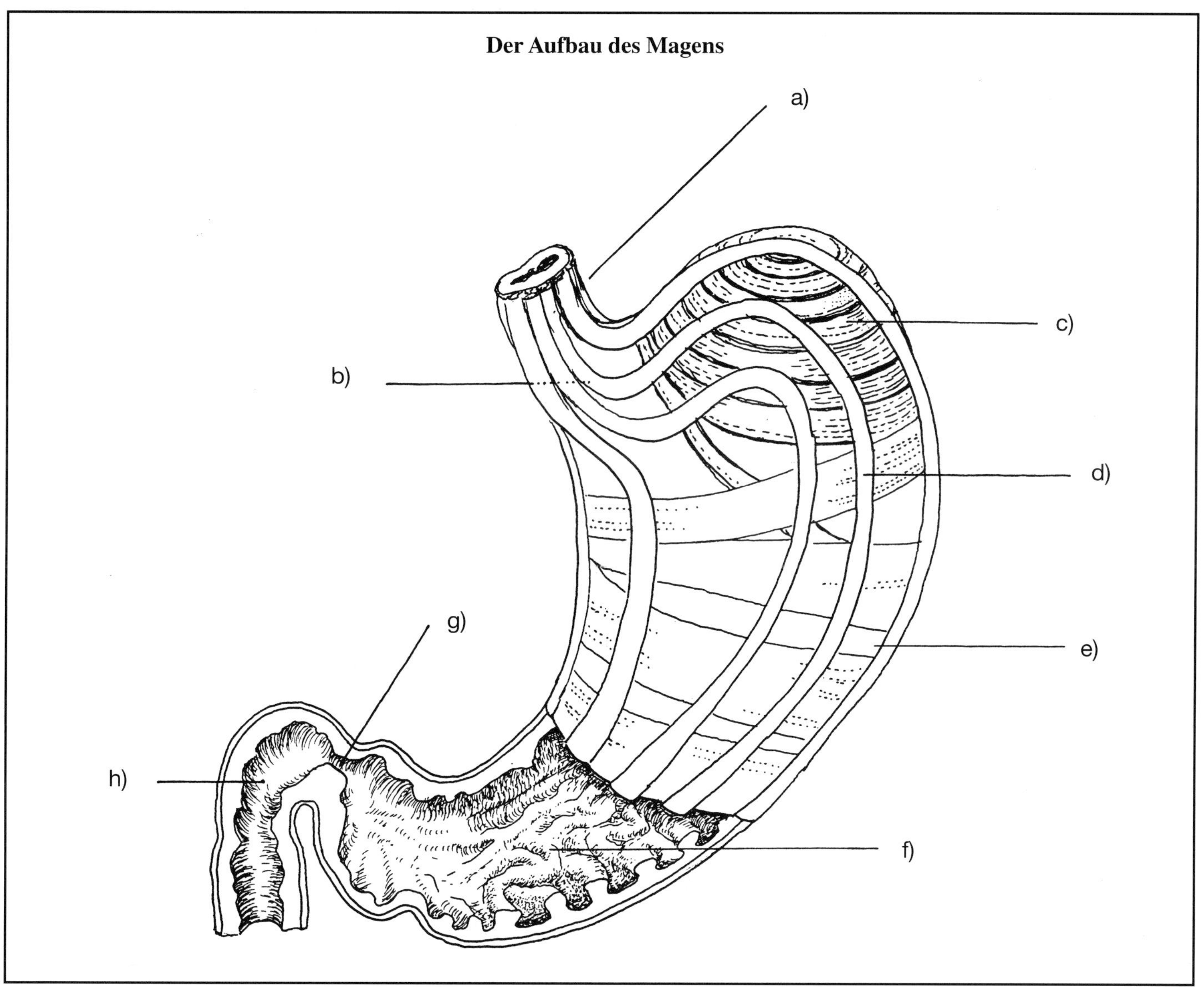

Aufgaben:

a) Beschrifte die Abbildung. Oberer Bereich: Außenansicht; unterer Bereich: Längsschnitt.
b) Warum knurrt einem der Magen, wenn man Hunger hat?

II./M 4	Untersuchung der Vorgänge im Magen	EXPERIMENT

Arbeitsmaterial:

Versuchsprotokoll

Versuch 1: Magensäure desinfiziert die Nahrung (Langzeitversuch)

Material und Geräte: 2 Regenzgläser; Reagenzglasgestell; Schinken; 0,2%ige Salzsäure.

Durchführung:
a) Nimm zwei Reagenzgläser und gib in jedes ein paar Stückchen von dem Schinken.
b) Fülle das eine Reagenzglas mit Wasser auf und das andere mit 0,2%iger Salzsäure.
c) Beobachte täglich.
d) Rieche daran und notiere deine Beobachtungen.

Versuch 2: Magensaft verdaut Eiweißstoffe

Material und Geräte: 4 Reagenzgläser; Reagenzglasgestell; Wasserbad; Brenner; destilliertes Wasser; Fettstift; 0,5%ige Salzsäure; Pepsinlösung; gekochtes Ei; Messer.

Durchführung:
a) Beschrifte die Reagenzgläser mit 1, 2, 3 und 4.
b) Schneide das Eiweiß des gekochten Eis in kleine Stückchen.
c) Gib in jedes Reagenzglas etwas von dem kleingeschnittenen Eiweiß.
d) Fülle das erste mit 10 ml destilliertem Wasser.
e) Das zweite mit 10 ml Pepsinlösung.
f) Das dritte mit 10 ml 0,5%iger Salzsäure.
g) Das letzte mit 1 ml 0,5%iger Salzsäure und 9 ml Pepsinlösung.
h) Stelle alle Gläser in ein Wasserbad, das du bei 37 °C hältst.
i) Fertige ein Versuchsprotokoll an.

Aufgaben:
a) Vervollständige das Versuchsprotokoll.
b) Entwickle einen Versuch, mit dem du den optimalen Säuregehalt für die Pepsinwirkung bestimmen kannst.
c) Entwickle einen Versuch, in dem du nachweisen kannst, dass unterschiedliche Eiweißarten verschiedene Verdauungszeiten haben.

II./M 5	**Übersicht über den Verdauungstrakt**	**Materialgebundene AUFGABE**

Arbeitsmaterial:

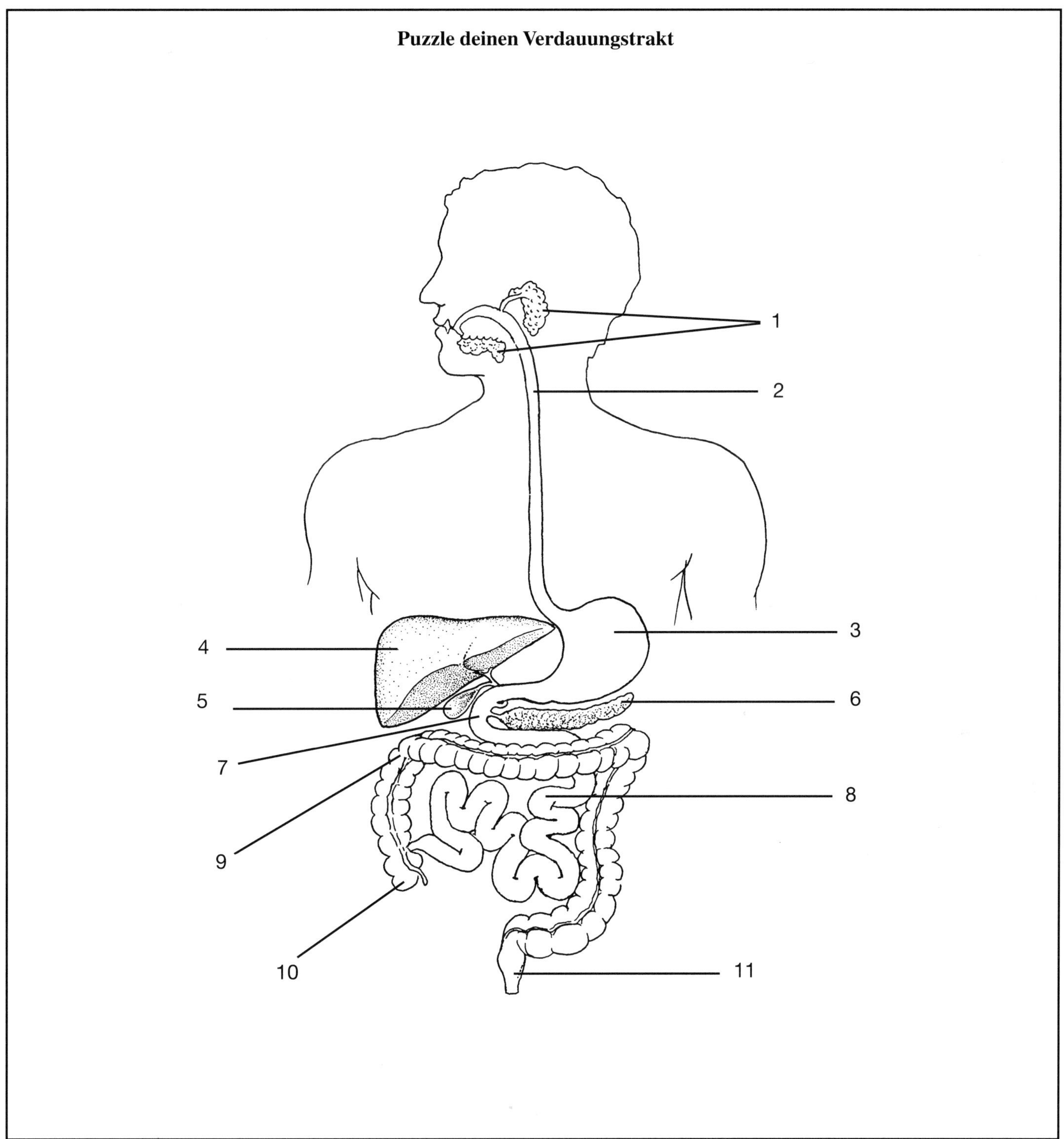

Puzzle deinen Verdauungstrakt

Aufgaben:

a) Fertige aus der Abbildung ein Puzzle.
b) Lass deinen Partner dein Puzzle zusammenlegen und lege du das Puzzle deines Partners zusammen.
c) Klebe das fertige Bild in dein Heft.
d) Zeichne den Weg der Nahrung mit Pfeilen ein.
e) Suche mit Hilfe des Biologiebuches die passenden Begriffe zu den Nummern der Abbildung.

| **II./M 6** | **Verdauung im Dünndarm oder: Pankreatin (der Verdauungssaft der Bauchspeicheldrüse) enthält mehrere Enzyme** | **EXPERIMENT** |

Arbeitsmaterial:

Versuchsprotokoll

Versuch 1: Der Verdauungssaft der Bauchspeicheldrüse spaltet Kohlenhydrate

Material und Geräte: 1 Becherglas, 2 Reagenzgläser, Reagenzglasgestell, dest. Wasser, *Lugol*sche Lösung, 1%ige Pankreatinlösung, Stärke, Wasserbad.

Durchführung:
a) Stelle eine Stärkelösung her, indem du reine Stärke in ein Reagenzglas gibst und mit heißem Wasser auffüllst.

b) Lass die Lösung abkühlen und gib die Hälfte davon in das zweite Reagenzglas.

c) Tropfe in beide Gläser etwas *Lugol*sche Lösung.

d) Versetze eins der beiden Reagenzgläser mit 1ml Pankreatinlösung.

e) Stelle beide Gläser in ein Wasserbad von 37 °C und beobachte den Farbton der Lösungen.

f) Notiere deine Beobachtungen.

Versuch 2: Wirkung von Galle und Bauchspeichel (Pankreatin) bei der Fettverdauung

Material und Geräte: 1 Becherglas, 3 Reagenzgläser, Reagenzglasgestell, dest. Wasser, 1%ige Pankreatinlösung, stark verdünnte Natronlauge, 1%ige Phenolphtaleinlösung, Galle, Olivenöl, Pipette, Fettstift, Wasserbad.

Durchführung:
a) Beschrifte die Reagenzgläser mit 1, 2 und 3.

b) Fülle in jedes Glas 1ml Olivenöl und 3ml Wasser.

c) Gib in das erste 2 ml Galle und 1ml Pankreatin.

d) In das zweite nur 2 ml Galle.

e) In das dritte nur 1 ml Pankreatin.

f) Tropfe danach in alle drei Gläser je drei Tropfen Phenolphtalein.

g) Tropfe nun in jedes Glas verdünnte Natronlauge, bis eine gleichmäßige Rotfärbung entsteht.

h) Stelle die Gläser in ein Wasserbad von 37 °C und beobachte den Farbton.

i) Notiere deine Beobachtungen.

Aufgaben:

a) Vervollständige das Versuchsprotokoll.

b) Neben Enzymen für die Kohlenhydrat- und Fettverdauung enthält Pankreatin auch Enzyme zur Eiweißverdauung. Informiere dich darüber und lege eine Tabelle an, die in übersichtlicher Form darstellt, wo im Körper die Nährstoffe eines Käsebrotes, das du zu dir genommen hast, verdaut werden und welche Verdauungssäfte daran beteiligt sind.

II./M 7	**Der Aufbau des Dünndarms**	**Materialgebundene AUFGABE**

Arbeitsmaterial:

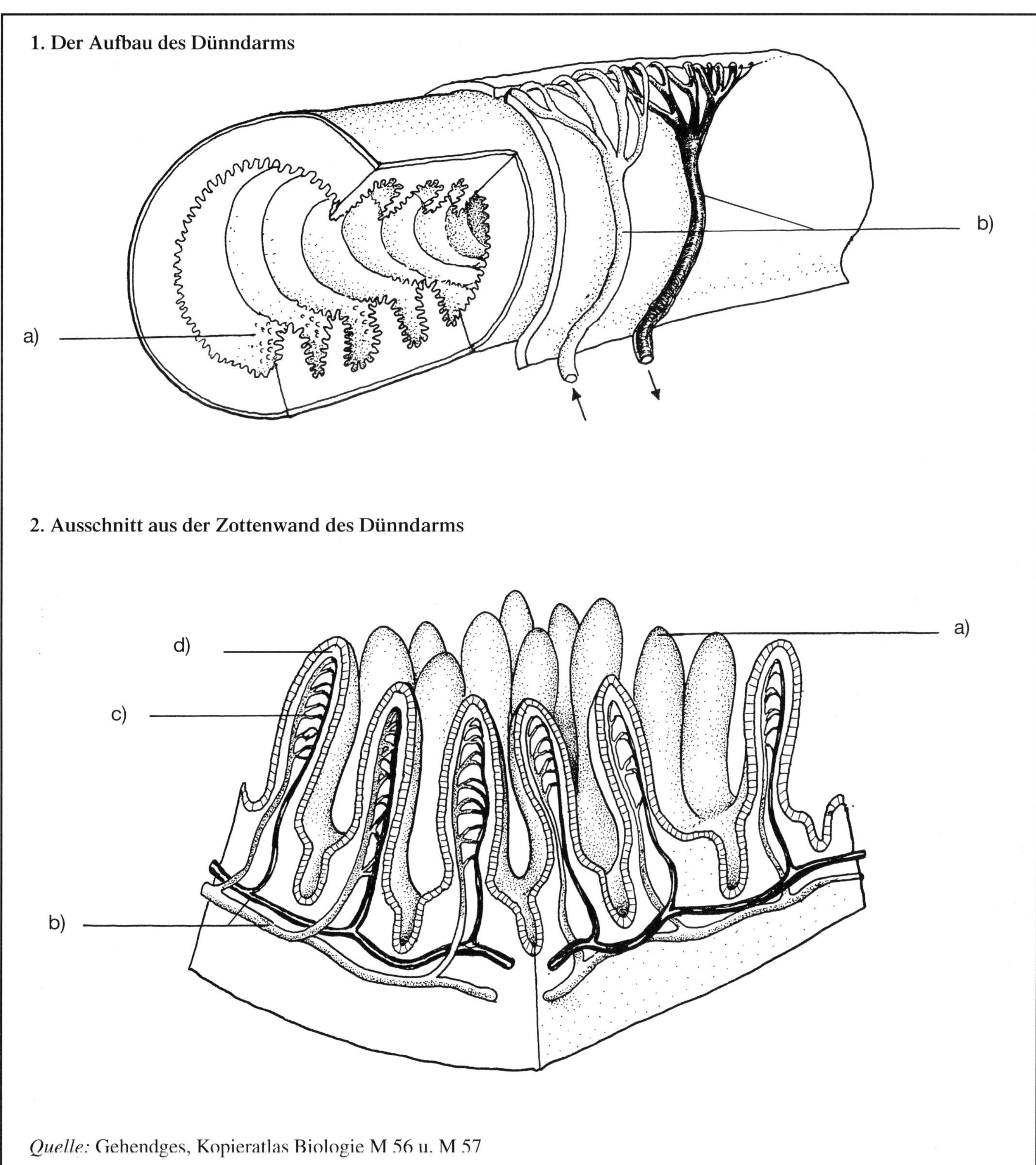

Quelle: Gehendges, Kopieratlas Biologie M 56 u. M 57

Aufgaben:

a) Beschrifte die Abbildungen.
b) Bei extremem Übergewicht wird manchmal der hintere Teil des Dünndarms operativ entfernt. Warum?
Wäre es nicht ebenso sinnvoll, einen Teil des Magens, den Zwölffingerdarm oder die Gallenblase zu entfernen?
Erläutere deine Entscheidung.

II./M 8	Der Bau der Niere	Materialgebundene AUFGABE

Arbeitsmaterial:

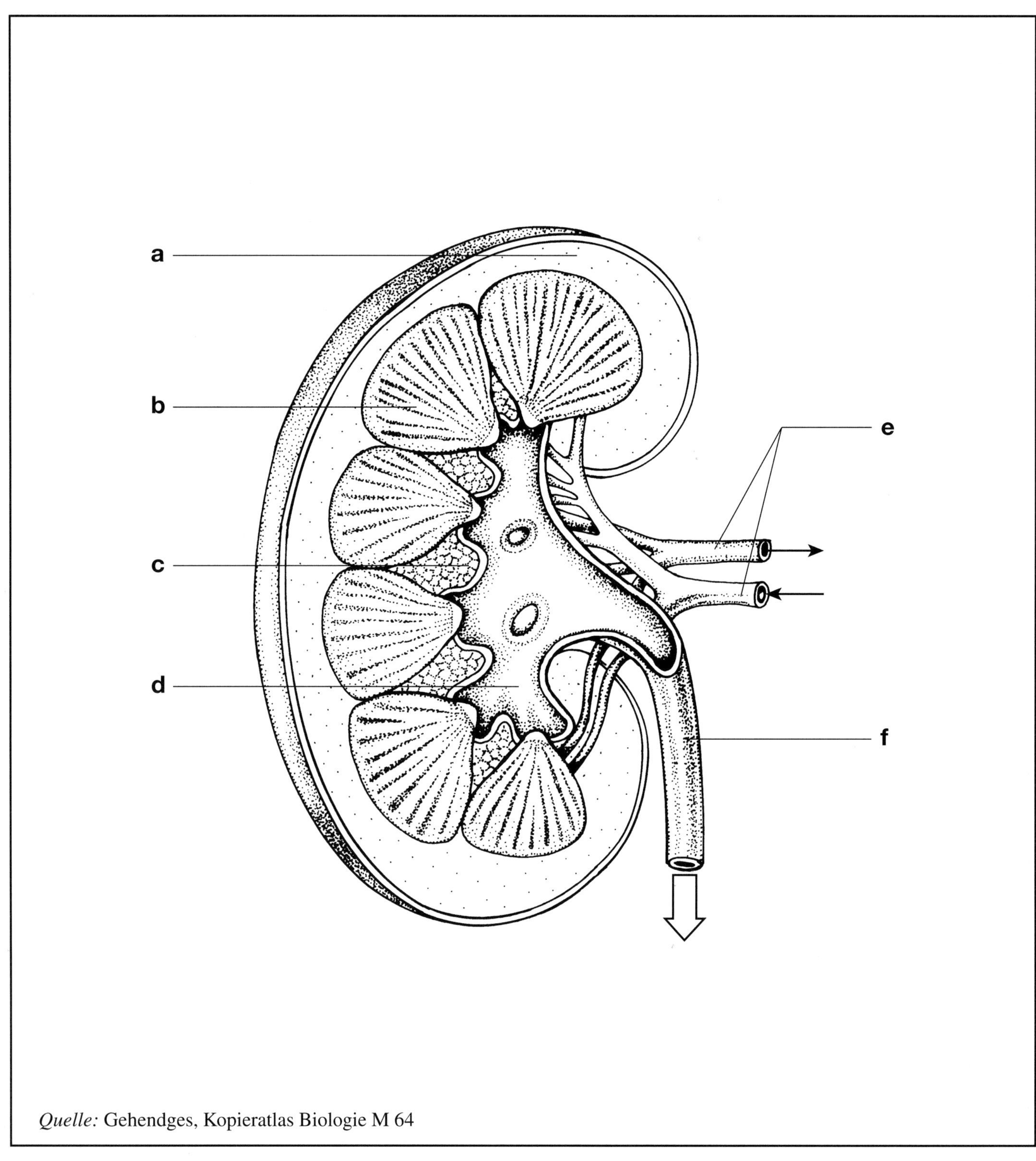

Quelle: Gehendges, Kopieratlas Biologie M 64

Aufgaben:

a) Beschrifte die Skizze.
b) Aus welchen Stoffen setzt sich der Primärharn zusammen?
c) Welche Stoffe werden vom Blut zurück in den Körper transportiert?
d) Welche Stoffe werden mit dem Endharn ausgeschieden?

| II./M 9 | Die Funktion der Nephrone | Materialgebundene AUFGABE |

Arbeitsmaterial:

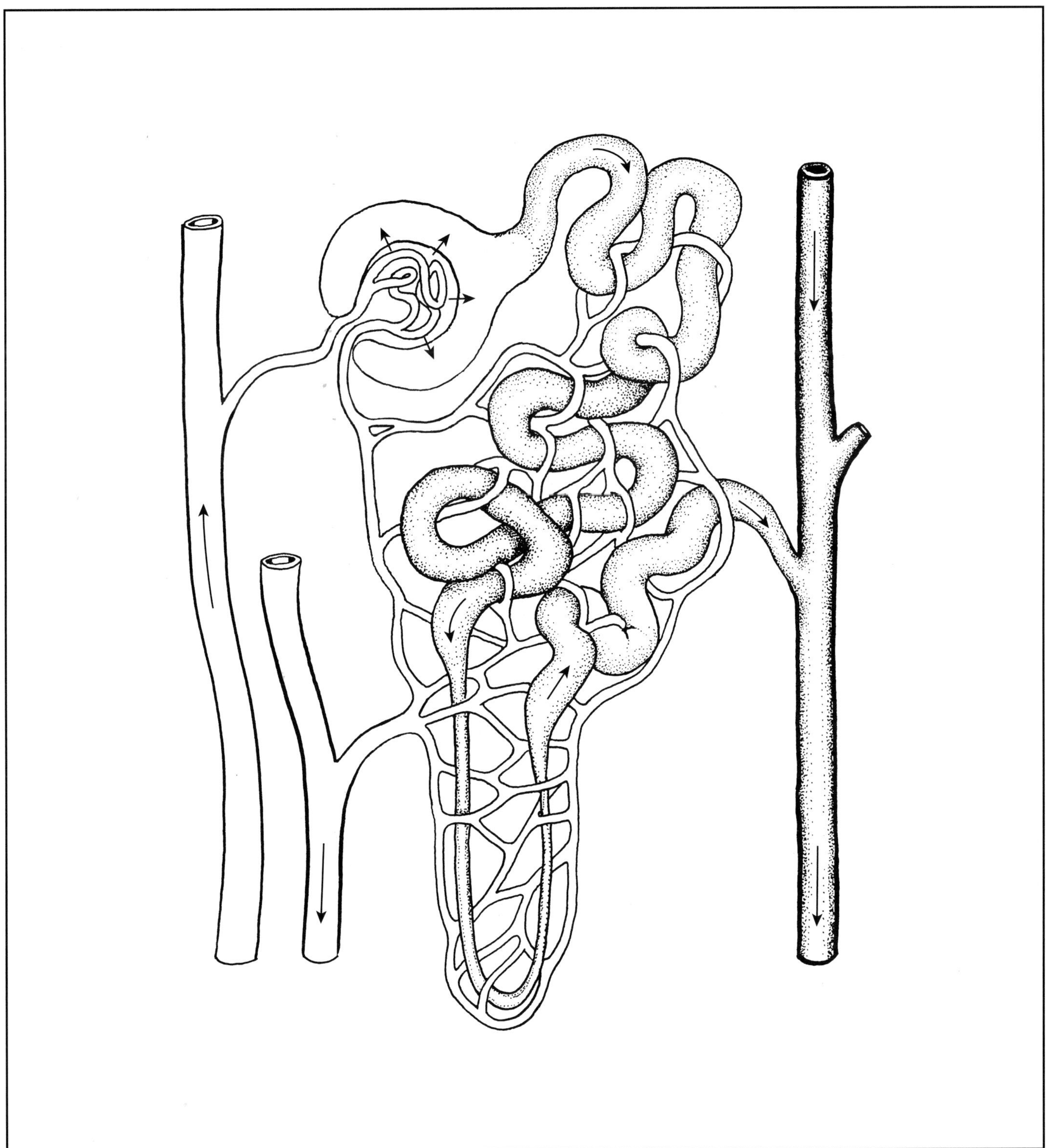

Aufgaben:

a) Zeichne arterielles Blut rot, venöses Blut blau und die Nephrone gelb.
b) Erkläre anhand der Abbildung die Bildung des Harns aus dem Primärharn.
c) Die Nieren sind die bestdurchbluteten inneren Organe. Erkläre.
d) Von Kaffee sagt man, er sei harntreibend. Erkläre, warum. Berücksichtige dabei, dass Kaffee den Blutdruck erhöht.

II./M 10	Dialyse	Materialgebundene **AUFGABE**

Arbeitsmaterial:

1. Säulendiagramm zur Harnstoffkonzentration eines Dialyse-Patienten:

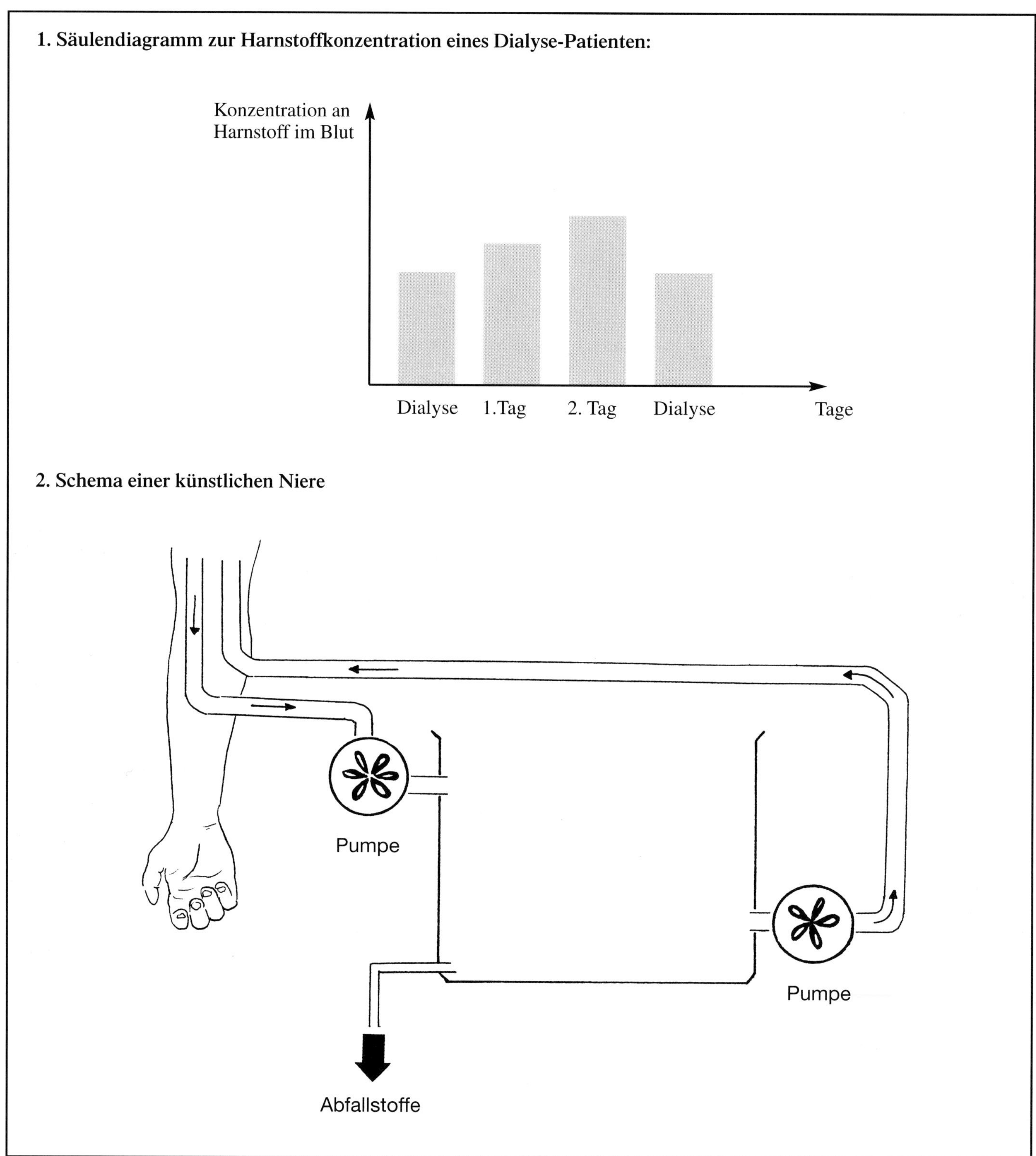

2. Schema einer künstlichen Niere

Aufgaben:

a) Beschreibe und erkläre den Verlauf der Harnstoff- Konzentration eines Dialyse-Patienten.
b) Zeichne die Skizze des Dialyseapparates aufgrund deines Wissens über die Niere, fertig.
c) Erkläre die Funktionsweise der künstlichen Niere.

II.2.3. Lösungshinweise zu den Aufgaben der Materialien

II./M 1

a) A: Bei der Probe des ungekauten Brotes auf Stärke tritt Blaufärbung ein.
B: Die Probe auf Zucker ergibt meist keinen roten Niederschlag.
C: Bei der Probe des gekauten Brotes tritt **keine** Blaufärbung mehr auf.
D: Das gekaute Brot reagiert mit *Fehling* nun mit einem ziegelroten Niederschlag.
E: Der Speichel färbt sich mit *Lugol*scher Lösung nicht.
F: Der Speichel zeigt keinen roten Niederschlag.
Durch die Einwirkung des Speichels, der selber weder Stärke noch Zucker enthält, wird die Stärke im Brot zu Zucker abgebaut, so dass die Probe auf Stärke negativ, die Probe auf Zucker jedoch positiv ausfällt.
b) In mehreren kleinen Bechergläsern etwas Speichel auffangen und ein wenig Stärkelösung hinzufügen. Gut durchmischen und in Wasserbädern bei verschiedenen Temperaturen erwärmen. Mit einer Pipette jeweils einige Tropfen der Mischung entnehmen und mit *Lugol*scher Lösung auf Stärke, mit Fehlingscher Lösung auf Zucker prüfen.

II./M 2

a) a) Nasenraum; b) Gaumensegel; c) Kehldeckel; d) Luftröhre; e) Speiseröhre
b) Die Nahrung wird von der Zunge nach hinten gedrückt. Durch Heben des Gaumensegels (b) wird der Nasenraum (a) geschlossen. Der Kehldeckel (c) legt sich über den Eingang zur Luftröhre (d), so dass der Bissen über den Kehldeckel hinweggleitet und in die Speiseröhre (e) gelangt. Atmet oder spricht man während des Schluckens, so liegt der Kehldeckel nicht ganz an und Speiseteilchen können so in die Luftröhre, in den "falschen Hals", gelangen und man hat sich verschluckt.

II./M 3

a) a) Speiseröhre; b) Magenmund; c) Schrägmuskeln; d) Längsmuskeln; e) Ringmuskeln; f) faltige Magenschleimhaut; g) Pförtner; h) Zwölffingerdarm
b) Hat man lange nichts gegessen, ist im Magen vorwiegend Luft. Durch die Bewegung des Magens, die trotzdem stattfindet, bildet sich im Zusammenhang mit den Verdauungssäften, die hin- und herbewegt werden, das Magenknurren.

II./M 4

a) 1: Nach 2 bis 3 Tagen tritt in dem Glas, das nur mit Wasser aufgefüllt wurde, ein Fäulnisgeruch auf, der bei dem Glas mit der Salzsäure ausbleibt. Salzsäure, die auch im Magensaft vorhanden ist, tötet also fäulniserregende Bakterien.

b) Salzsäure in versch. Verdünnungen (5 %; 1%; 0,5%; 0,1%) – Durchführung wie Magensaft verdaut Eiweiß – jeweils 2 g gekochtes Ei und 9 ml Pepsinlösung und 1 ml der jeweiligen Salzsäureverdünnung.
c) Fleischstückchen von versch. Tieren (Rind, Schwein, Huhn, Fisch etc.) in je ein Reagenzglas geben und dann mit 9 ml Pepsinlösung und 1 ml Salzsäure auffüllen.

II./M 5

Erläuterung zum Puzzle Verdauungstrakt

e) 1: Speicheldrüsen
    2: Speiseröhre
    3: Magen
    4: Leber
    5: Gallenblase
    6: Bauchspeicheldrüse
    7: Zwölffingerdarm
    8: Dünndarm
    9: Dickdarm
  10: Blinddarm
  11: Mastdarm

II./M 6

a) Versuch 1: Die *Lugol*sche Lösung führt zu einer Blaufärbung in beiden Gläsern, der Nachweis für Stärke. In dem Reagenzglas mit der Pankreatinlösung verschwindet die Blaufärbung allmählich, im anderen bleibt sie erhalten. Das Verschwinden der Blaufärbung ist somit nicht auf das Erhitzen zurückzuführen. Das Enzym der Bauchspeicheldrüse spaltet die Stärke in Zucker auf. Es baut also die restliche Stärke, die vom Mundspeichel nicht restlos abgebaut wurde, nun vollständig ab. Das im Pankreatin enthaltene Enzym, das für den Stärkeabbau verantwortlich ist, ist die Amylase.
Ergänzung: Durch Zugabe von *Fehling*scher Lösung lässt sich anhand eines ziegelroten Niederschlags der Nachweis für den beim Abbau der Stärke entstandenen Zucker führen.
Versuch 2: Die Rotfärbung in Glas 1 (2ml Galle, 1ml Pankreatin) verschwindet sehr schnell, in Glas 2 (1ml Pankreatin) bleibt die Rotfärbung längere Zeit erhalten, in Glas 3 (2ml Galle) verschwindet die Rotfärbung nicht. Das im Pankreatin enthaltene Enzym Lipase spaltet die Fette in Glyzerin und Fettsäuren. Gallenflüssigkeit emulgiert Fette, so dass diese wesentlich schneller und besser von der Lipase gespalten werden können. Gallenflüssigkeit alleine kann zwar Fette emulgieren, aber sie kann sie nicht spalten, daher bleibt die Rotfärbung erhalten.

b)

Organ/Drüse(n)	Verdauungssäfte	Enzym(e)	Vorgang
Unterzungen-, Unterkiefer-, Ohrspeicheldrüse	Speichel	Ptyalin	Abbau von Stärke (Teile des Brötchens) in Malzzucker (Maltose)
Magen	Magensaft	Pepsin	Spaltung der Eiweiße (Käse) in Polypeptide
Bauchspeicheldrüse	Bauchspeichel	Amylase Trypsin Lipase	Abbau von Stärke (Rest des Brötchens) zu Maltose Spaltung von Polypeptiden (Käse) zu Peptiden Abbau von Fetten (Butter) zu Fettsäuren und Glyzerin
Leber	Galle		emulgiert Fett (Butter) in feinste Tröpfchen
Dünndarm	Dünndarmsaft	Maltase und Saccharase Erepsin Lipase	Abbau der Kohlenhydrate zu Glucose (Brötchen) Spaltung von Peptiden in Aminosäuren (Käse) Abbau von Fetten zu Fettsäuren und Glyzerin (Butter)
Dickdarm			Eindicken der Nahrungsreste Rückgewinnung des Wassers

II./M 7

a) 1.a) mit Zottenfalten ausgestattete Schleimhaut; b) zu- und abführende Blutgefäße
2.a) einzelne Zotte; b) zu- und abführende Blutbahnen; c) Haargefäße in der Zotte; d) mit Drüsen besetztes Epithel.
b) Im hinteren Teil des Dünndarms erfolgt die Resorption der zerlegten Nährstoffe. Im Magen wird das Eiweiß nur in einzelne Bausteine zerlegt, es erfolgt jedoch keine Aufnahme der Nährstoffe. Im Zwölffingerdarm werden die Nährstoffe nur in ihre Bestandteile zerlegt auch hier erfolgt keine Aufnahme in den Körper und die Galle ist nur ein Reservoir für den Gallensaft und hat mit der Resorption auch nichts zu tun. Diese Organe zu entfernen würde für das Ziel "Gewicht zu verlieren" somit keine Hilfe darstellen.

II./M 8

a) a) Nierenrinde mit Nierenkörperchen; b) Nierenpyramide (Nierenmark); c) Fettgewebe; d) Nierenbecken; e) zu- und abführende Blutgefäße: Arterie (u), Vene (o); f) Harnleiter
b) Wasser, Kochsalz, Traubenzucker (= Glucose), Harnstoff.
c) Traubenzucker (= Glucose), Kochsalz, Wasser.
d) Harnstoff, Kochsalz, Wasser.

II./M 9

b) Die Kapillarknäuel (Nierenarterie) in der Bowmannschen Kapsel (Nierenkörperchen) führen arterielles Blut in die Niere. Durch die verengten Kapillaren kommt es zu einem Stau, so dass der Druck in der Bowmannschen Kapsel erhöht ist und Diffusion besser stattfinden kann. Der Primärharn entsteht. In den Nierenkanälchen werden aus dem Primärharn Kochsalz, Wasser und der gesamte Traubenzucker resorbiert. Sammelröhrchen leiten den Endharn zur Harnblase.
c) Das Blut wird in den Nieren gereinigt, je besser die Durchblutung ist, desto besser ist die Reinigung.
d) Kaffee erhöht den Blutdruck, das Blut fließt schneller durch die Nieren, diese kann nicht mehr so gut resorbieren, daher erleidet der Körper einen stärkeren Wasserverlust und man muss schneller zur Toilette.

II./M 10

a) Sind die Nieren in ihrer Leistung dauerhaft geschädigt, so kommt es zu einem Anstieg der Harnstoffkonzentration und anderer Schadstoffe im Blut. In der Abbildung erkennt man, dass die Harnstoffkonzentration am Tag der Dialyse niedriger ist als an den folgenden Tagen. Am 1.Tag nach der Dialyse ist die Harnstoffkonzentration erhöht, am 2.Tag ist sie weiter gestiegen, so dass am fol-

genden Tag wiederum eine Dialyse (Blutwäsche) durchgeführt werden muss, um den Wert wiederum zu senken, damit es zu keiner Vergiftung des Patienten kommt.
b) Schema einer künstlichen Niere:

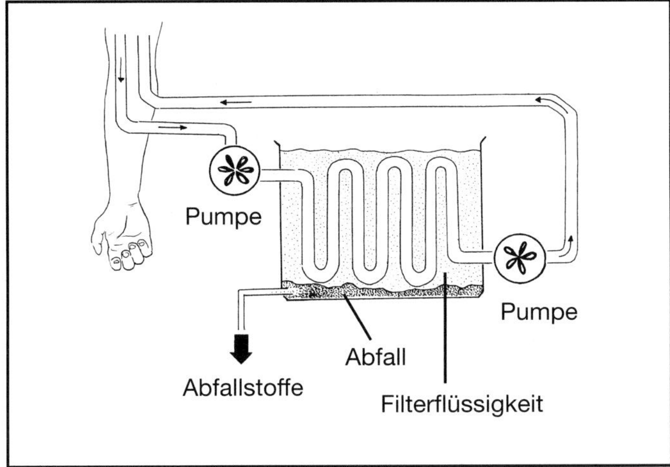

c) Aus der Arterie wird Blut entnommen, dieses wird durch eine Maschine mit vielen Windungen geleitet, die aufgrund von Osmose das Blut von Giftstoffen reinigt. Das gereinigte Blut wird anschließend dem Patienten, angetrieben durch eine Pumpe, weil der Druck sonst nicht ausreichend wäre, in die Vene wieder zugeführt.

II.3 Medieninformation

II.3.1 Audiovisuelle Medien

FWU-Dia-Reihe 10 02347: Verdauung, 21 Farbdias

Annotation: *Die Serie gibt einen Überblick über das menschliche Verdauungssystem: Mit Hilfe von Graphiken und histologischen Bildern können die einzelnen Stationen der Nahrung vom Mundraum bis zum Dickdarm verfolgt und die Bedeutung von Drüsen erkannt werden.*

FWU-Video 42 00247: *Verdauung und Nahrung, 13 min*

Annotation: *Körperwachstum, Bau- und Energiestoffwechsel, Verdauungsorgane und Bedeutung der Verdauung werden in Übersichten gezeigt. Ausführlich folgen: Speichelbildung, Riechen, Schmecken, Kauen, Schlucken und die Vorgänge in Magen und Darm (Resorption der Nährstoffe).*

II.3.2 Zeitschriften

Kattmann,U. (Hrsg.): Stoffwechsel. Sammelband in Unterricht Biologie, Jahrgang 1994, Friedrich Verlag

IPN Einheitenbank Biologie: Nahrungsmittel und Verdauung. Aulis Verlag Deubner & Co KG, Köln (1974)

II.3.3 Bücher

Baer, H.-W.: Biologische Versuche im Unterricht. Aulis Verlag Deubner & Co KG, Köln (1985)

Eschenhagen,D., Kattmann,U. und Rodi,D. (Hrsg.): Handbuch des Biologieunterrichts - Sekundarbereich I, Bd.3 Stoff- und Energiewechsel. Aulis Verlag Deubner & Co KG, Köln (1995)

Gehendges, F.: Kopieratlas Biologie, Menschenkunde Humangenetik. Aulis Verlag Deubner & Co KG, Köln 1992

Parker, Steve: Menschlicher Körper. Faszinierende Forschung. Gerstenberg Verlag, Hildesheim 1998

III. Unterrichtseinheit (UE): Atmung

Lernvoraussetzungen:

Grundkenntnisse über die Arbeitsweise der Muskulatur und der Zusammensetzung der Luft.

Gliederung:

Die Pfeile geben die hier vorgeschlagene Unterrichtssequenz inhaltlicher Schwerpunkte dieser Unterrichtseinheit an. Es sind aber auch andere Sequenzen denkbar.

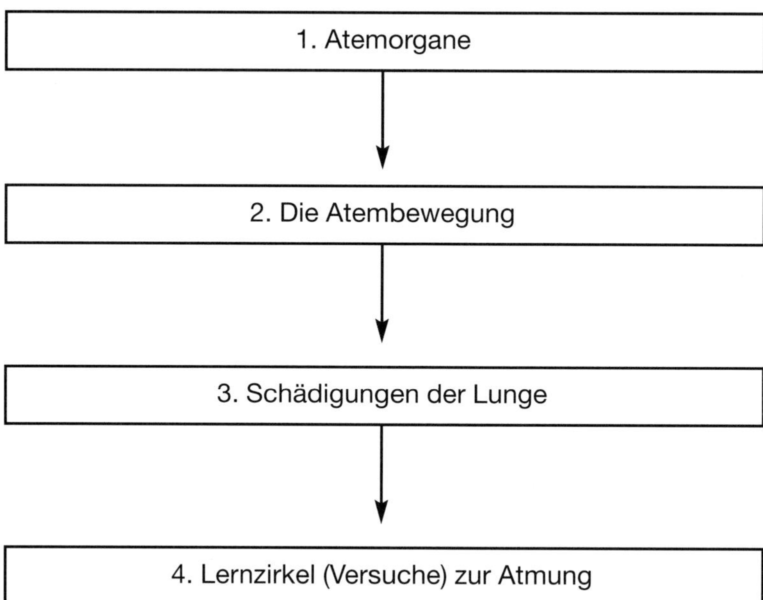

Zeitplan:

Die Unterrichtseinheit wird voraussichtlich 4 – 5 Stunden in Anspruch nehmen, je nachdem welchen Einstieg man wählt, da Einstieg A schon fast 1 Stunde beanspruchen kann, während Einstieg B nur ein paar Minuten dauern wird.

III.1 Sachinformationen:

Bauchatmung/Zwerchfellatmung:
Bei der Bauchatmung spannen sich die Muskeln des Zwerchfells an. Dieses wird dabei nach unten gezogen. Dadurch erweitert sich der Brustraum und Luft kann einströmen. Erschlaffen die Muskeln, wird das Zwerchfell von den Eingeweiden des Bauchraumes nach oben gedrückt, der Brustraum verengt sich wieder, man atmet aus.

Brustatmung/Rippenatmung:
Bei der Brustatmung spannen sich die Muskeln zwischen den Rippen an. Dadurch wird der Brustkorb etwas angehoben. Der Brustraum erweitert sich nach vorne und ein wenig zur Seite. Luft kann einströmen, man atmet ein. Erschlaffen die Muskeln, senkt sich der Brustkorb und der Brustraum verengt sich wieder, die Luft strömt aus, man atmet aus.

Lunge:
Die Lunge besteht aus zwei Lungenflügeln, die zusammen die Brusthöhle fast vollständig ausfüllen. Das Innere der Lungenflügel besteht zum größten Teil aus den Lungenbläschen.

Lungenbläschen:
Kleine, luftgefüllte Beutel, deren Durchmesser nur etwa 0,2 mm beträgt. Jedoch gibt es davon so viele in der Lunge, dass die Summierung eine Oberfläche von 100 m^2 ergäbe. Von ihnen erhält das Blut Sauerstoff, und es gibt Kohlenstoffdioxid an sie ab.

Vitalkapazität:
Die Luftmenge, die sich maximal aus den Lungen auspressen lässt.

Zwerchfell:
Gewölbte Muskelfläche, die den Brustraum vom Bauchraum trennt. Gemeinsam mit den Muskeln der Rippen dient das Zwerchfell der Atmung.

III.2 Informationen zur Unterrichtspraxis

III.2.1 Einstiegsmöglichkeiten

Einstiegsmöglichkeiten	Medien
A.	
■ L fordert S dazu auf, auf verschiedene Art und Weise zu atmen und ihre Atmung dabei genau zu beobachten. ▶ **Problemfrage**: Wieso kann man auf verschiedene Art und Weise atmen?	■ Material III./M 1 (Experiment): Beobachtung der eigenen Atmung
B.	
■ L fordert einen S auf, während der Pause ein paar Runden auf dem Schulhof zu laufen und dann in den Biologieraum zu kommen, wo dann die anderen S seine Atembewegungen beschreiben ■ **Problemfrage**: Wieso ändert sich nach Anstrengung die Atemfrequenz?	

III.2.2 Erarbeitungsmöglichkeiten

Erarbeitungsschritte	Medien
Beide Einstiegsmöglichkeiten haben zu einer ersten Beschreibung der Atmung durch die SuS geführt und weitere Fragen aufgeworfen. Die Beschreibungen, die sowohl Wesentliches als auch Unwesentliches enthalten, gilt es im Folgenden durch klar definierte Fachausdrücke zu ersetzen und das Beobachtete auf Wesentliches zu beschränken.	
A./B.1. Atemorgane	
■ L: Wir wollen uns zu Beginn mit den Atemorganen beschäftigen ■ L teilt Arbeitsblätter aus mit dem Auftrag die Atemorgane zu beschriften.	■ Material: Rumpfmodell des Menschen ■ Material III./M 2 (Materialgebundene Aufgabe): Die Atemorgane und ihre Lage im Torso

Erarbeitungsschritte	Medien
■ L zeigt Funktionsmodell zur Oberflächenvergrößerung ■ Unterrichtsgespräch über das Prinzip der Oberflächenvergrößerung.	 ■ Modell (große Bäckertüte und eine zerknüllte Bäckertüte)

A./B.2. Die Atembewegung

■ SuS-Übung: Messung des Brustumfangs beim Ein- und Ausatmen ■ Unterrichtsgespräch: Bewegung erfordert die Anwesenheit von Muskeln. ■ SuS-Übung: Atembewegungen ■ L fordert SuS auf, das Glockenmodell (Funktionsmodell) mit der Realität zu analogisieren und die Zwerchfellatmung am Modell zu demonstrieren.	■ Tafel (Festhalten der Werte) ■ Tafel (Festhalten der Hypothesen) ■ Material III./M 3 (Materialgebundene Aufgabe): Die Atembewegungen ■ Glockenmodell oder Material III./M 4(Materialgebundene Aufgabe): Das Glockenmodell

A./B.3. Schädigungen der Lunge durch Rauchen

■ L lässt Aufdruck auf Zigarettenpackung vorlesen. ■ Unterrichtsgespräch: Wie gefährdet Rauchen die Gesundheit? (Teerablagerungen, Nikotin und Kohlenmonoxid) Unterrichtliche Anmerkung: *An dieser Stelle kann auch auf das Thema Light-Zigaretten und dementsprechende Fehlvorstellungen eingegangen werden.* ■ L demonstriert den Versuch: Teernachweis im Zigarettenrauch ■ Unterrichtsgespräch: Einzeichnen der „Rauchstraße" in Folienkopie des Materials III/M 2 ■ SuS-Übung: Zusammenstellen von gesundheitlichen Schädigungen durch Rauchen ■ Unterrichtsgespräch: Warum müssen eurer Meinung nach auf jeder Zigarettenschachtel die Teer- und Nikotinwerte stehen? ■ Unterrichtsgespräch: Werbung und Rauchen anhand bekannter Werbeslogans (Der Geschmack von Freiheit und Abenteuer, Cowboy - Wilder Westen; Let's go … Test the, Truck-Fahrer und „verrückte" Typen; Der Geschmack der großen weiten Welt etc.) ■ SuS-Übung (Partnerarbeit): Werbung gegen das Rauchen	 ■ Tafel ■ Folienkopie Material III./M 2 (Materialgebundene Aufgabe): Die Atemorgane ■ Material III./M 6 (Materialgebundene Aufgabe): Mordillo und Tabelle ■ Tafel

Erarbeitungsschritte	Medien
A./B.4. Versuche zur Atmung (Lernzirkel)	
■ Kerzenversuch	■ Material III./M 5 (Experiment) Station 1 Sauerstoffgehalt „frischer" und „verbrauchter" Luft
■ Kalkwasserversuch	■ Material III./M 5 (Experiment) Station 2 Welches Atemgas wird von der Lunge abgegeben?
■ Vitalkapazität	■ Material III./M 5 (Experiment) Station 3 Welche Gasmengen können über die Lunge ausgetauscht werden?
■ Unterrichtsgespräch	

III./M 1	**Atembeobachtungen**	**EXPERIMENT**

Arbeitsmaterial:

Versuchsprotokoll

A. Atembeobachtung (beruhigend):

Setze dich einen Augenblick entspannt hin und schließe deine Augen.

Tue nichts anderes, als deine Atmung zu beobachten.

Fühle, auf welchem Weg die Luft in deine Lungen strömt und auf welchem Weg sie wieder ausfließt.

Spüre die Muskeln, die sich beim Einatmen bewegen.

Spüre, wie sich die Muskeln beim Ausatmen entspannen.

Und bemerke den kurzen Augenblick, indem die Atmung stillsteht.

Versuche, ungefähr 3 – 5 Minuten völlig auf die Beobachtung deiner Atmung konzentriert zu bleiben. Entdecke jede Einzelheit.

(Diese Übung hilft beim Einschlafen).

B. Tarzanatmung (aktivierend):

Atme jetzt bewusst mit dem Brustkorb, so dass sich deine Rippen weiten.

Setze dich bei jedem Einatmen ein wenig aufrechter und gerader.

Öffne deine Augen beim Luftholen immer weiter.

Gib deinem Gesicht einen entschlossenen Ausdruck und hebe den Kopf in die Höhe.

Solange, bis du dich fühlst wie Tarzan, der Herr des Dschungels!

(Diese Übung hilft bei Konzentrationsstörungen beim Wettkampf).

Aufgaben:

Führe die beschriebenen Atemübungen durch und halte deine Beobachtungen stichpunktartig fest.

III./M 2	Die Atemorgane	Materialgebundene **AUFGABE**

Arbeitsmaterial:

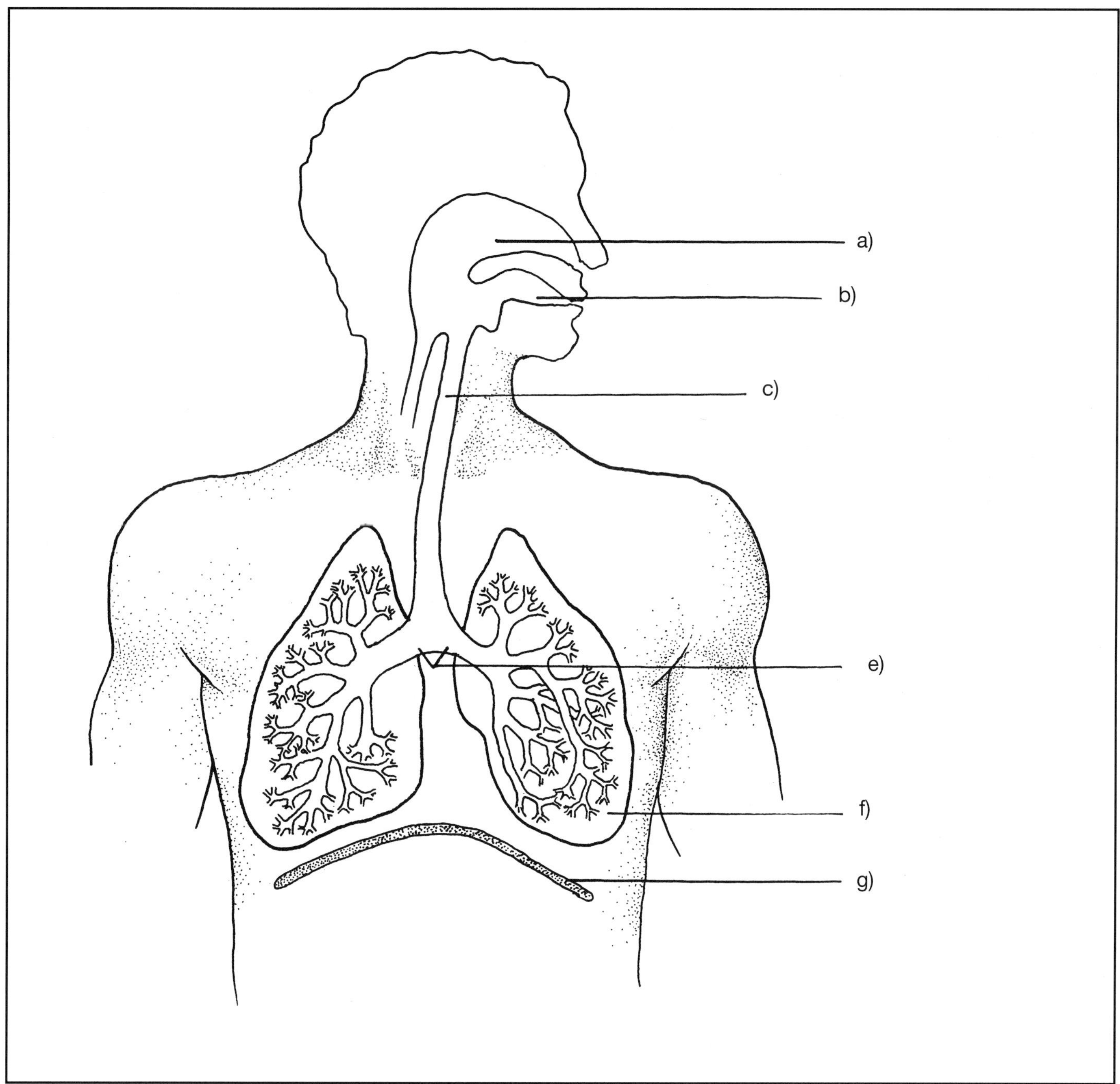

Aufgaben:

a) Beschrifte die Zeichnung.

b) Male den Weg der sauerstoffreichen Luft bei der Atmung rot an und den Weg der kohlenstoffdioxidreichen Luft blau.

c) Ergänze den Lückentext:

Die Atemluft gelangt durch die .... oder die .... in den Rachen. Von dort strömt

sie über den Kehlkopf in die .... Diese teilt sich in die .... auf, die in den linken und

rechten .... münden. Dort verteilt sich die Luft auf viele winzige ....

| III./M 3 | **Die Atembewegungen** | **Materialgebundene AUFGABE** |

Arbeitsmaterial:

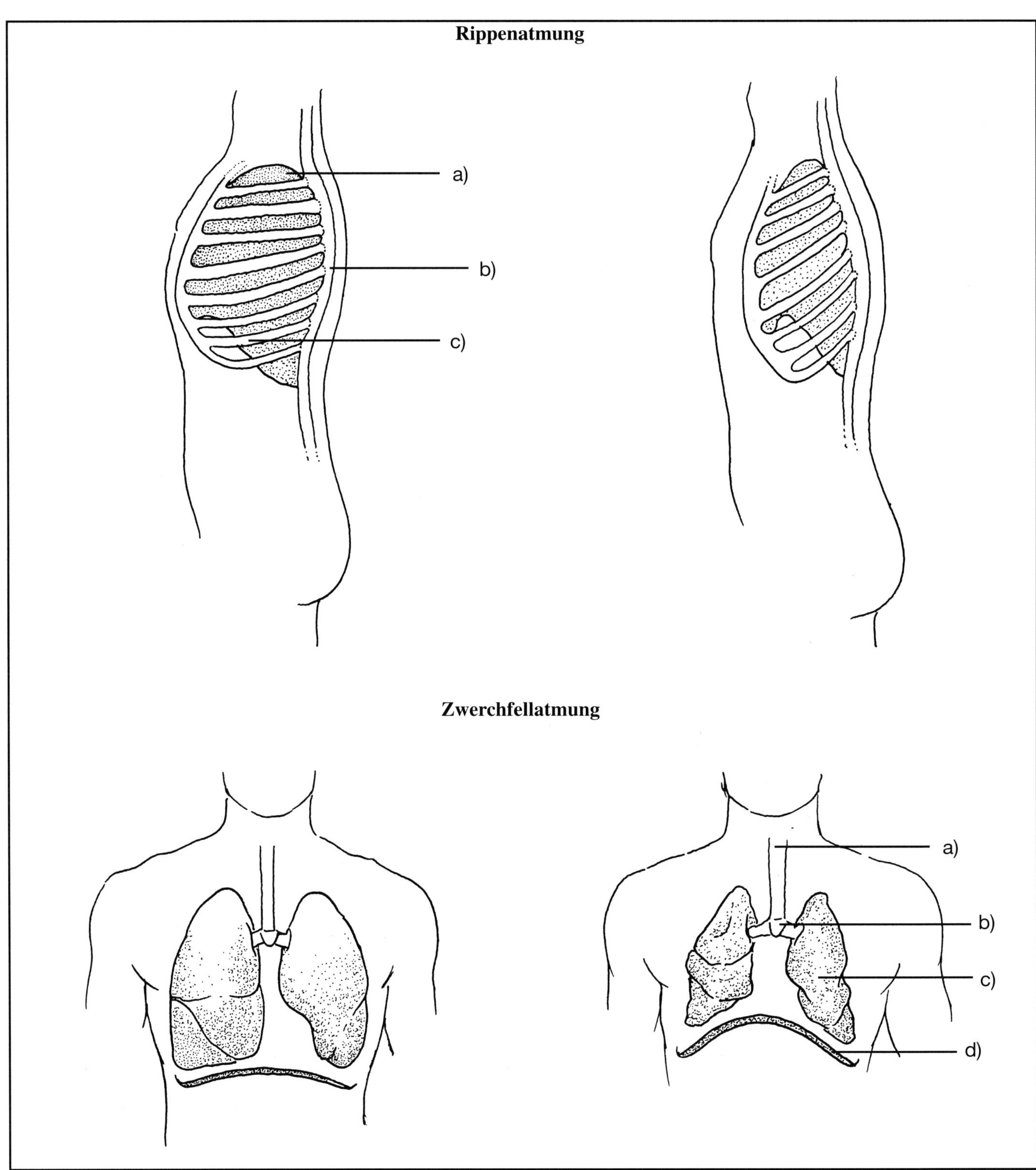

Aufgaben:

a) Beschrifte die Abbildungen. Ordne die Ein- und Ausatmung den Abbildungen zu.
b) Zeichne die Einatmung mit Rotstift nach.
c) Erkläre die Vorgänge bei der Atmung anhand der Skizzen.

| III./M 4 | Das Glockenmodell | Materialgebundene AUFGABE |

Arbeitsmaterial:

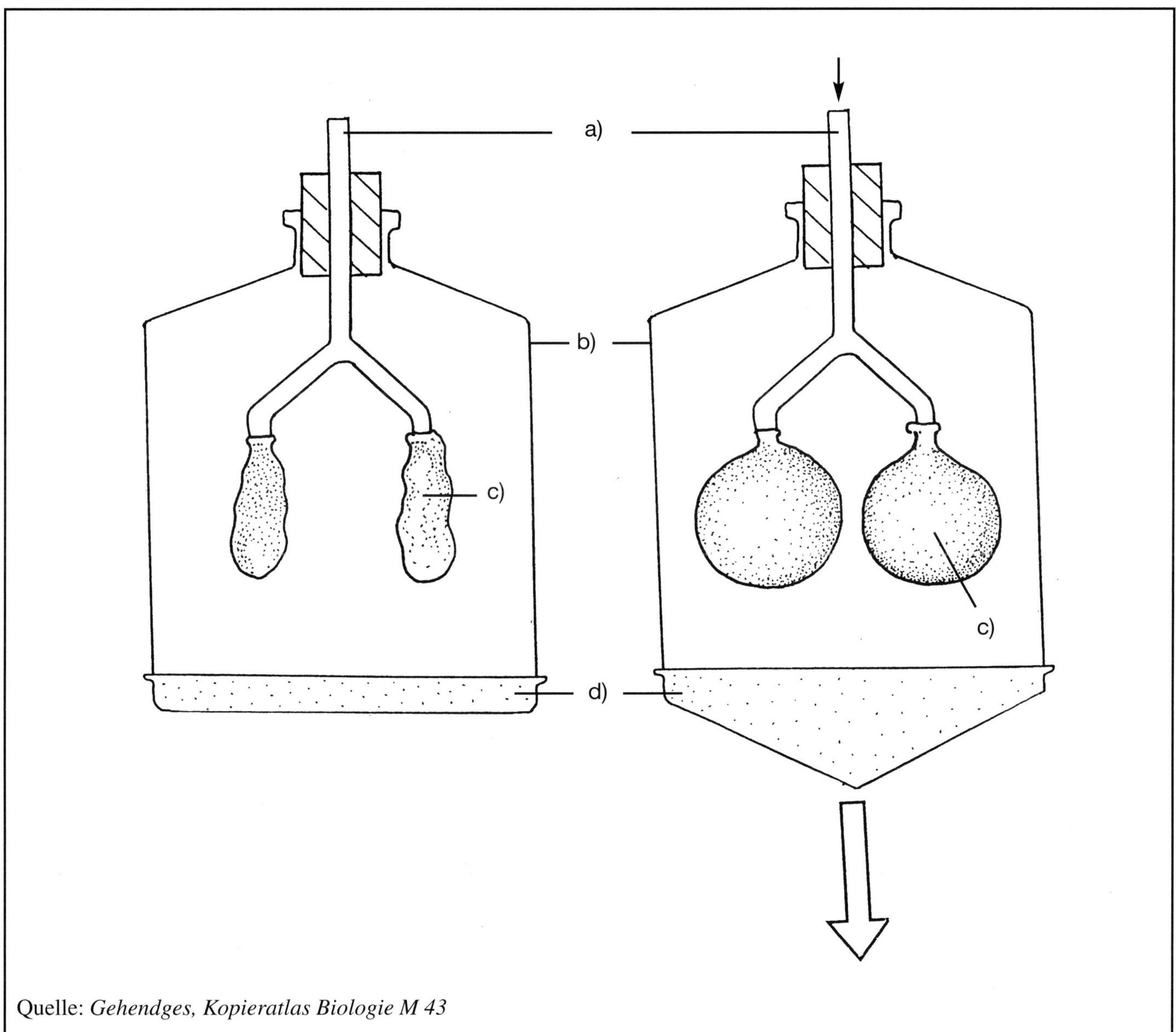

Quelle: *Gehendges, Kopieratlas Biologie M 43*

Aufgaben:

a) Beschrifte die Abbildung.
b) Ordne den Elementen des Modells die Elemente im Brustraum zu.
c) Analogisiere die Vorgänge im Modell mit den Vorgängen bei der Atmung.

III./M 5	Lernzirkel zur Atmung	EXPERIMENT

Arbeitsmaterial:

Anleitung zu den Versuchen

a) Lies die Versuchsbeschreibungen zu jedem Versuch gut durch.

b) Führe den Versuch mit deinem Partner erst dann durch, wenn ihr den genauen Versuchsablauf verstanden habt.

c) Wechselt euch bei den Versuchen ab.

d) Besprecht gemeinsam, was ihr bei dem jeweiligen Versuch beobachtet habt.

e) Besprecht, wie ihr den Versuch deuten würdet.

f) Informiert euch, anhand des Lösungsblatts, ob ihr den Versuch richtig ausgewertet habt.

g) Schreibt jeweils (jeder in sein Heft):
Versuchsanleitung: Wie soll der Versuch durchgeführt werden?
Versuchsergebnis: Was hast du beobachtet?
Versuchsdeutung: Wie deutest du das Ergebnis?

Die Versuche können in beliebiger Reihenfolge durchgeführt werden.

Station 1: Die Luftzusammensetzung ändert sich

Material und Geräte: 2 Teller, 2 Kerzen, Zündhölzer, 2 gleich große Gläser, Trinkhalm mit Gelenk, Stoppuhr.

Durchführung:
a) Zünde eine Kerze an und klebe sie mit einigen Tropfen Wachs auf einem Teller fest.

b) Gib nun etwas Wasser in den Teller.

c) Stülpe ein Glas über die Kerze und miss die Brenndauer mit der Stoppuhr.

d) Klebe nun eine zweite Kerze auf einen Teller.

e) Gib ebenfalls wieder Wasser hinzu.

f) Nimm ein Glas, stülpe es um und atme mit einem Trinkhalm 10mal von unten vorsichtig hinein.

g) Setze dieses Glas nun vorsichtig über die Kerze und stoppe wiederum die Zeit, die die Kerze bis zum Erlöschen braucht.

h) Vergleiche die Ergebnisse.

i) Schreibe zu dem Thema „Die Luftzusammensetzung ändert sich" einen kurzen Text in dein Heft.

III./M 5	**Lernzirkel zur Atmung**	**EXPERIMENT**

Arbeitsmaterial:

Station 2: Welches Atemgas wird von der Lunge abgegeben?

Material und Geräte: 2 Waschflaschen, T-Rohr, Gummiverbindungsstück, Kalkwasser, Glasröhrchen, Gummiverbindungsstück, Mineralwasser mit Kohlensäure, 2 Gläser, Trinkhalme.

Versuch a): Nachweis von Kohlenstoffdioxid in Mineralwasser

Durchführung:
a) Fülle zwei Gläser mit Kalkwasser.

b) Gib zu dem einen Leitungswasser und zu dem anderen die gleiche Menge Mineralwasser.

c) Beobachte, was passiert.

Versuch b): Nachweis von Kohlenstoffdioxidabgabe bei der Atmung

Durchführung:
a) Fülle zwei Waschflaschen mit Kalkwasser.

b) Verbinde sie über ein T-Stück.

c) Atme durch den mit einem Glasröhrchen als Mundstück versehenen Gummischlauch langsam und tief 15-20mal ein und aus. Atme nicht durch die Nase!

d) Beobachte die Lösung.

e) Schreibe deine Beobachtungen in dein Heft.

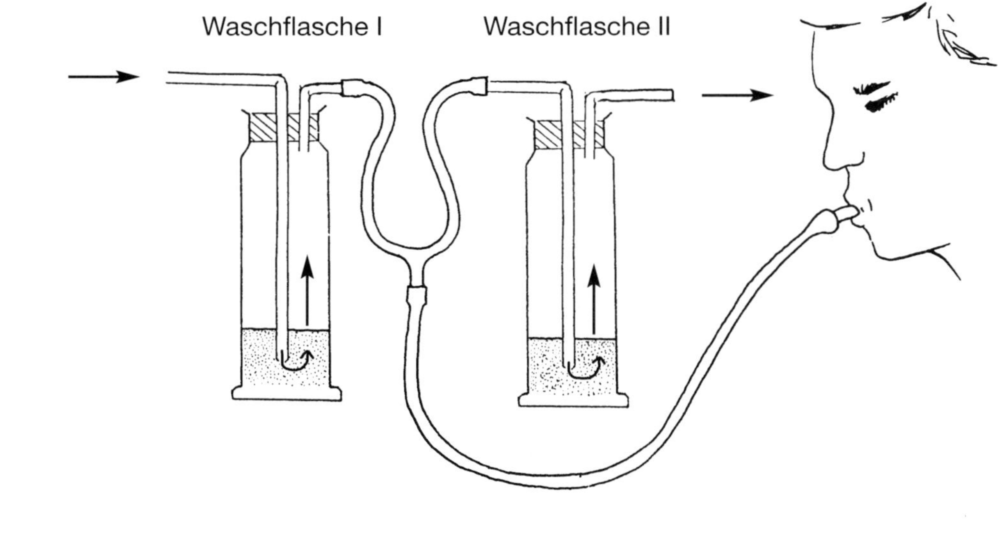

| **III./M 5** | **Lernzirkel zur Atmung** | **EXPERIMENT** |

Arbeitsmaterial:

Station 3: Wie groß ist das Volumen der Lunge?

Material und Geräte: Spirometer oder Atemglocke (5-l-Glocke mit Markierung), durchbohrter Gummistopfen, Winkelrohr mit Hahn, Stativ mit Klemmen und Halterung, Handpumpe mit Glasrohr und Schlauch oder Wasserstrahlpumpe, Winkelrohr mit Schlauch und Einmal-Mundstücke, Plastik- oder Glasbecken.

Versuch mit der Atemglocke

Durchführung:
a) Fülle das Plastik- oder Glasbecken zu drei Viertel mit Wasser.
b) Befestige die Atemglocke am Stativ und senke sie in das wassergefüllte Becken.
c) Schließe nun Stopfen und das Winkelrohr mit Hahn an die Glocke an.
d) Sauge nun mit der Pumpe bei geöffnetem Hahn so lange Luft aus der Glocke, bis der Wasserspiegel die Nullmarke der Glocke erreicht.
e) Verschließe nun den Hahn und hebe die Glocke um 10 cm an.
f) Atme nach tiefem Luftholen über das Mundstück des Winkelrohres in die Glocke aus, bis die Lungen geleert sind.
g) Die Mundstücke werden bei jeder Versuchsperson ausgewechselt.

Versuch mit dem Spirometer

Durchführung:
a) Drehe die Anzeige auf 0!
b) Atme nach tiefem Luftholen über das Mundstück in das Spirometer aus.
c) Notiere den Wert.
d) Stelle die Anzeige auf 0! Und wiederhole die Messung zweimal.
e) Die Mundstücke werden bei jeder Versuchsperson ausgewechselt.

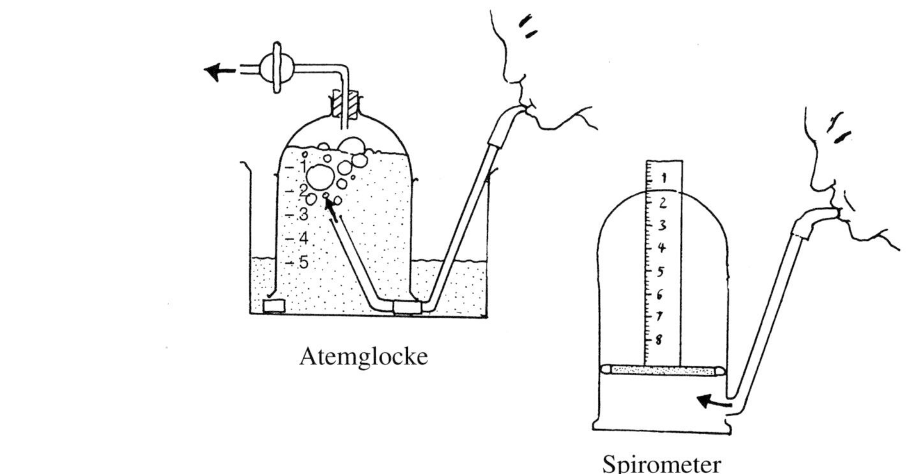

Atemglocke

Spirometer

Aufgaben:

a) Die Werte, die du und dein Partner gemessen habt, bezeichnet man als Vitalkapazität. Die Vitalkapazität ist die Luftmenge, die sich maximal aus den Lungen auspressen lässt. Vergleicht diese Werte mit denen eurer Mitschüler. Unterscheiden sich die Werte von Jungen und Mädchen, Sportlern und Nichtsportlern? Vielleicht findet ihr noch andere Unterscheidungsmerkmale.

b) Obwohl du und dein Partner ganz kräftig ausgeatmet habt, bleibt noch ein wenig Restluft in der Lunge zurück. Diese beträgt ungefähr 28 % der Vitalkapazität. Berechne aus der Vitalkapazität dein Totalvolumen:

Vitalkapazität + Vitalkapazität x 28 : 100 = Totalvolumen.

III./M 6	**Zigarettenrauch schädigt den Körper**	**Materialgebundene AUFGABE**

Arbeitsmaterial:

Statt vieler Worte ein Cartoon:

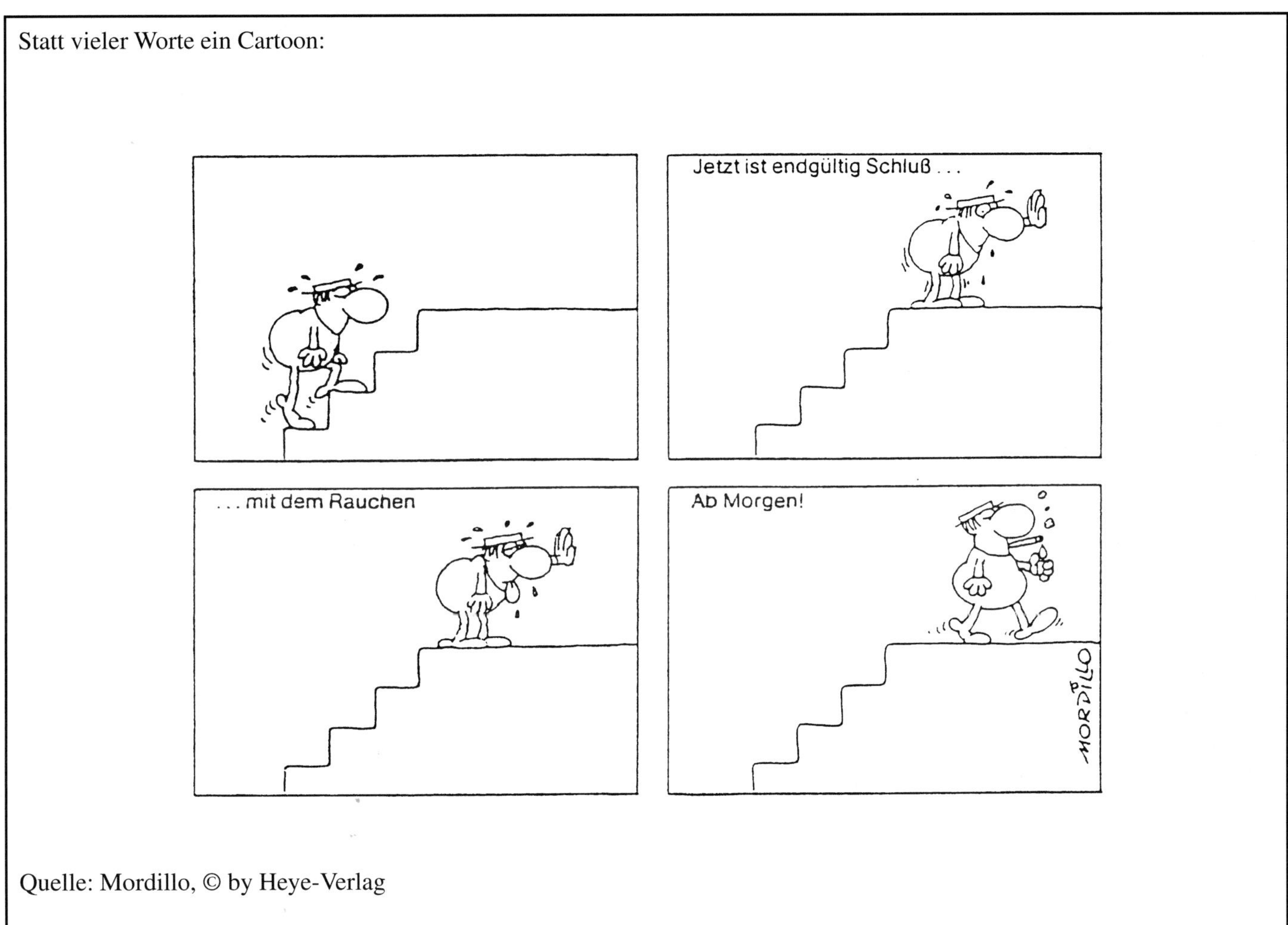

Quelle: Mordillo, © by Heye-Verlag

Aufgaben:

a) Stelle die Schadstoffe, die Wirkungen im Körper und die Krankheiten, die dadurch häufiger auftreten, in der Tabelle zusammen:

Schadstoffe	Wirkung im Körper	vermehrt auftretende Krankheiten

b) Beschreibe kurz, was man unter psychischer (seelischer) Abhängigkeit versteht.

c) Untersuche, welche der beiden Abhängigkeiten (körperlich/psychisch) im Cartoon (s. oben) dargestellt sein könnte.

III.2.3. Lösungshinweise zu den Aufgaben der Materialien

III./M 1

Täglich durchströmen 12 000 l Luft unsere Lungen. Damit gelangen auch jede Menge Krankheitserreger, Allergene und Luftschadstoffe in unseren Körper. Bei Erschöpfung oder Stress sind wir besonders anfällig für Erkrankungen. Durch regelmäßige Übungen oder bewusstes Atmen kräftigen wir unsere Atmungsorgane. Die Widerstandskraft gegen Infektionen wird dadurch erhöht. Durch die Übungen soll den SuS deutlich gemacht werden, dass sie ihre Atmung kontrollieren und sie zu verschiedenen Zwecken bewusst einsetzen und so eine andere Wirkung im Körper erzielen können.

III./M 2

a) a) Nasenhöhle; b) Mundhöhle; c) Luftröhre; d) Bronchien; e) Lungenflügel; f) Zwerchfell
b) Rot werden die Pfeile gezeichnet, die in den Körper gelangen; blau werden die Pfeile, die den Weg der Luft aus dem Körper demonstrieren.
c) Die Atemluft gelangt durch die *Nasenhöhle* oder die *Mundhöhle* in den Rachenraum. Von dort strömt sie über den Kehlkopf in die *Luftröhre*. Diese teilt sich in die *Bronchien* auf, die in den linken und rechten *Lungenflügel* münden. Dort verteilt sich die Luft auf viele winzige *Lungenbläschen*.

III./M 3

a) Rippenatmung: a) Lunge; b) Wirbelsäule; c) Rippen; Zwerchfellatmung: a) Luftröhre; b) Bronchien; c) Lungenflügel; d) Zwerchfell
b) das jeweils linke Bild zeigt die Vorgänge bei der Einatmung und muss daher rot nachgezeichnet werden.
c) Rippenatmung: Bei der Einatmung heben die Muskeln, die sich zwischen den Rippen befinden, den Brustkorb an, der Brustraum wird so größer, die Lungenflügel haben mehr Platz und Luft kann einströmen. Bei der Ausatmung senkt sich der Brustkorb, der Brustraum wird kleiner und die Luft strömt aus der Lunge aus.
Zwerchfellatmung: Bei der Einatmung zieht sich das Zwerchfell zusammen, der Brustraum wird größer und die Lungenflügel dehnen sich aus. So kann Luft einströmen. Bei der Ausatmung erschlafft das Zwerchfell, dadurch wölbt sich der Bauchraum nach oben, die Luft strömt aus den Lungen aus. Man atmet aus.

III./M 4

1. + (2.) a) Glasröhrchen (Luftröhre); b) luftdichte Glasglocke (Brustraum); c) Luftballons (Lungenflügel); d) Gummimembran (Zwerchfell).
3. Bei Vergrößerung des Volumens der Glasglocke durch Herunterziehen der Gummimembran (= Vergrößerung des Brustraums durch Zusammenziehen des Zwerch-

fells) kann das zusätzliche Volumen nur durch Luft ersetzt werden, die durch das Glasröhrchen in die Ballons hineinströmt und diese „aufbläst" (= strömt Luft durch die Luftröhre in die Lungen - Einatmung) → Ausatmung umgedreht.

III./M 5

Station 1:
Die Kerze unter dem Glas mit der ausgeatmeten Luft erlischt erheblich schneller, da hier weniger Sauerstoff, jedoch mehr Kohlenstoffdioxid enthalten ist. Kerzen benötigen jedoch, wie andere Verbrennungsprozesse auch, zum Brennen Sauerstoff.
Station 2: a) Das Kalkwasser mit dem Leitungswasser trübt sich schwach, während in dem anderen mit dem Mineralwasser eine starke Trübung festzustellen ist.
b) Das Kalkwasser in der Flasche, durch die die einzuatmende Luft geleitet wird, trübt sich schwach, während das Kalkwasser in der Flasche mit der Ausatmungsluft, stark getrübt wird. Die ausgeatmete Luft enthält wesentlich mehr Kohlenstoffdioxid (3,5%) als die eingeatmete, atmosphärische, Luft (0,03%).
Station 3:

Name	Atemmenge in ml	
	maximal	normal
	1200 bis 1800 ml	400 bis 500 ml

Das Geschlecht sowie das Alter spielen eine entscheidende Rolle für die Werte der Vitalkapazität (in ml).

Alter (Jahre)	männlich	weiblich
12	1850	1600
14	2200	2000
16	2700	2250
18	3200	2350

Auch unterscheidet sich die Vitalkapazität (in ml) von Sportlern von der der Nichtsportler sehr deutlich.

Nichtsportler	3400
Nichtsportlerin	2800
Leichtathlet	4800
Schwimmer	4900
Ruderer	5400

III./M 6

Schadstoffe	Wirkung im Körper	vermehrt auftre- tende Krankheiten
Nikotin	Erhöhung des Blutdrucks Durchblutungs- störungen	Herzinfarkt
Nikotin	Vergiftung des vegetativen Nervensystems	Konzentrations- störungen Schlaganfall
Teerstoffe (Kondensat)	Ablagerungen auf den Wänden der Atemwege	Raucherbein, Lungen-, Blasen-, Nieren- und Bron- chialkrebs
Kohlenstoffmon- oxid	Sauerstoffmangel für alle Organe	Beeinträchtigung des Leistungsver- mögens Herzinfarkt
Teer und Nikotin	Raucherhusten	Lungenkrebs

b) Psychische Abhängigkeit: Das Gefühl etwas unbe- dingt zu benötigen im Gegensatz zu körperlicher Ab- hängigkeit, bei der der Körper auf den Entzug mit Ent- zugserscheinungen reagiert.

c) Nikotin macht körperlich abhängig. In diesem Cartoon lassen sich jedoch bis auf die Schweißperlen, die von der Anstrengung herrühren, keine körperlichen Entzugser- scheinungen feststellen. Daher handelt es sich hierbei um die psychische Abhängigkeit.

III.3 Medieninformation

III.3.1 Audiovisuelle Medien

FWU-Video 42 01675: Zwischen beiden Herzen: Schä- digung der Lunge durch Rauchen, 15 min

Annotation: *Einleitend wird der Bau des Herzens und des At- mungssystems vorgestellt. In den folgenden Szenen wird der Gasaustausch in den Lungen und seine Beeinträchtigung durch das Rauchen, wie das Absterben der Flimmerhärchen oder das Rechtsherzversagen, mit gebotener Deutlichkeit gezeigt.*

FWU-Video 42 01608: Die Droge Tabak und ihre Opfer: Werbung und Wirklichkeit, 17 min

Annotation: *Eine erschreckend hohe Zahl von Krankheits- und Todesfällen wird durch den Genuß von Tabakprodukten verur-*

sacht. Die Tabakwerbung steht deshalb zunehmend im Kreuz- feuer der Kritik. Mit ihren Methoden und einigen davon unmit- telbar betroffenen Menschen befasst sich dieser Film, indem er Kampagnen und ihre Opfer als Kontrapunkte gegenüberstellt

FWU-Video 42 10355: Frühraucher, 14 min

Annotation: *Der Film bietet authentisches Material zur Ausein- andersetzung mit dem Frühraucherproblem. Er zeigt jugendli- che Raucher und Nichtraucher zwischen 13 und 19 Jahren in typischen Situationen. Jean, der 19jährige Protagonist des Films stellt sich vor: „Ich bin Raucher, ich weiß, dass es schäd- lich ist, ich weiß, dass es süchtig macht, ich bin auch ohne Zweifel süchtig …" Jeans Raucherkarriere zeigt beispielhaft, wie es zur Sucht kommt und wie schwierig es ist, das Rauchen wieder aufzugeben.*

III.3.2 Zeitschriften

Kattmann, U. (Hrsg.): Stoffwechsel. Sammelband in Unterricht Biologie, Jahrgang 1994, Friedrich Verlag

Bonatz, H.: Atmung und Luftdruck. NiU 23: 123-126 (1975)

IPN Einheitenbank Biologie: Atmung und Blutkreislauf. Aulis Verlag Deubner & Co KG, Köln (1981)

III.3.3 Bücher

Baer, H.-W.: Biologische Versuche im Unterricht. Aulis Verlag Deubner & Co KG, Köln (1985)

Eschenhagen, D., Kattmann, U. und Rodi, D. (Hrsg.): Handbuch des Biologieunterrichts - Sekundarbereich I, Bd.3 Stoff- und Energiewechsel. Aulis Verlag Deubner & Co KG, Köln (1995)

Derbolowsky, U.: Richtig atmen hält gesund. Knaur, Düsseldorf (1978)

Falkenhahn, H. (Hrsg.): Handbuch der praktischen und experimentellen Schulbiologie, Menschenkunde. Aulis Verlag, Köln 1970

Müller, E.: Bewußter leben durch Autogenes Training und richtiges Atmen. Rowohlt, Reinbek b. Hamburg (1983)

IV. Unterrichtseinheit (UE): Blut

Lernvoraussetzungen:

Grundkenntnisse in der Anatomie des Menschen, in Chemie und Übung im experimentellen und mikroskopischen Bereich.

Gliederung:

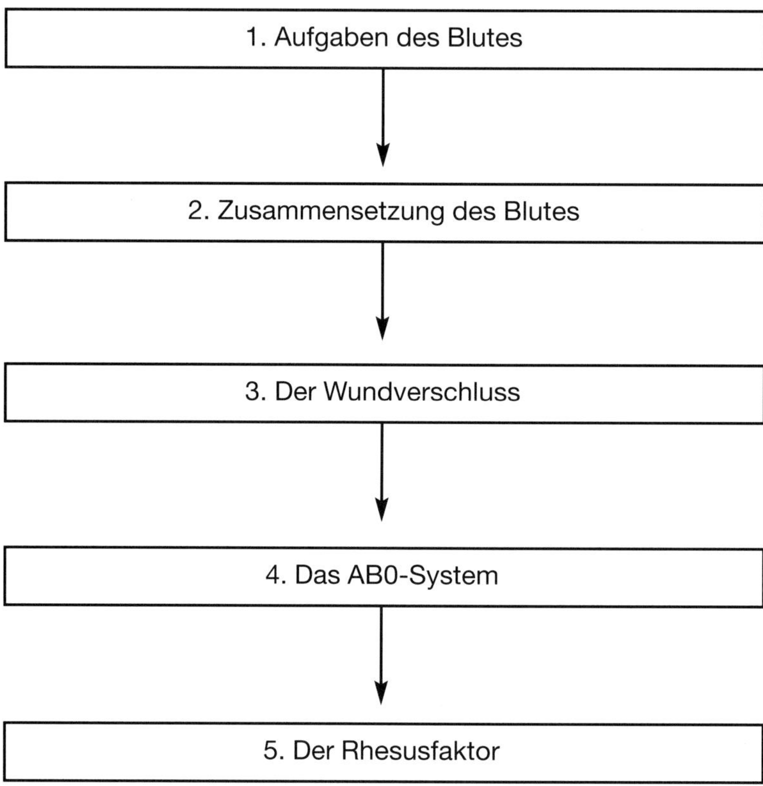

Zeitplan:

Die skizzierte Unterrichtseinheit wird 5 Stunden erfordern, je Thema 1 Schulstunde.

IV.1 Sachinformationen:

Antigene:
Stoffe, die die Herstellung von Antikörpern anregen, wenn sie in das Blut gelangen. Antigene kommen von Bakterien, Viren und fremdem Gewebe, das in den Körper gelangt, zum Beispiel bei Organtransplantationen oder Blutübertragungen.

Antikörper:
Schutzstoffe, die im Körper nach Kontakt mit Antigenen entstehen. Sie werden von weißen Blutkörperchen gebildet und reagieren so mit den Antigenen, dass diese ungefährlich werden.

Blutgruppe:
Das menschliche Blut wird, je nachdem welche Antigene es enthält, in vier Gruppen unterteilt: A, B, AB oder Null.

Blutplasma:
Wässrige Flüssigkeit, die mit den Blutkörperchen zusammen das Blut bildet. In ihr werden die Blutkörperchen, Nährstoffe, Hormone, Abfallprodukte und andere Stoffe durch den Körper transportiert.
Zusammensetzung:
– Blutproteine (70g/l) vor allem Albumin (60 – 80 %) und Globulin (20 – 40 %)
– Nährstoffe {Glucose (2 g/l), Aminosäuren (1 g/l), Fette}
– Salze in gelöster Form (K, Mg, Ca, Na, Cl, Phosphat, Sulfat, Karbonate)
– Enzyme
– Hormone
– Vitamine

Defibriniertes Blut:
Blut, aus dem das Fibrin entfernt wurde.

Erythrozyten:
Rote Blutkörperchen.

Fibrin:
faserige Eiweißsubstanz, die bei der Blutgerinnung aus der Vorstufe Fibrinogen entsteht. Das Fibrin bildet eine Art Netz über der Wunde, in dem die roten Blutkörperchen gefangen werden und hilft dadurch, den Blutverlust bei einer Verletzung zu stoppen.

Fibrinogen:
siehe Fibrin

Hämoglobin:
Roter Blutfarbstoff, der Eisen enthält. Er befindet sich in den roten Blutkörperchen und ermöglicht den Transport der Atemgase, da er sehr gut mit Sauerstoff bindet.

Hämolyse:
Austritt des Hämoglobins aus den Erythrozyten nach der Zerstörung ihrer Zellwand.

Kreuzprobe:
Vor jeder Bluttransfusion muss eine serologische Verträglichkeitsprobe gen. Kreuztest durchgeführt werden, bei der nicht nur das ABO-System und der Rhesusfaktor überprüft werden. Bei der Kreuzprobe wird das Serum des Empfängers mit den Erythrozyten des Blutspenders gemischt; diese Probe darf nicht positiv ausfallen.

Leukozyten:
Weiße Blutkörperchen; bestehen aus drei Hauptgruppen, 1) den körnchenhaltigen eigentlichen Leukozyten oder auch Granulozyten, 2) den körnchenlosen Lymphozyten, und 3) den seltenen Monozyten.

Oxalatblut:
Blut, dem Oxalat zugegeben wurde. Das Oxalat bindet das Calcium aus dem Blut und verhindert dadurch die Gerinnung.

Prothrombin:
Vorstufe des Gerinnungsenzyms Thrombin.

Serum:
Plasma ohne Fibrinogen.

Thrombin:
Gerinnungsenzym; katalysiert die Bildung von Fibrin aus Fibrinogen.

Thrombozyten:
Blutplättchen.

Zusammensetzung des Blutes:
Blutzellen: 45 %
Blutplasma: 55 %

	Rote Blutkörperchen	Weiße Blutkörperchen	Blutplättchen
Anzahl	$5 - 20$ Mio. / mm^3	$5.000 - 11.000$ / mm^3	$150.000 - 400.000$/mm^3
Größe	2,4 auf 8,4 µm	10 – 15 µm	1,4 – 4 µm
Zellkern	kernlos	kernhaltig	kernlos
Lebensdauer	120 Tage	Stunden bis Jahre	1 – 10 Tage
Aufgaben	Sauerstofftransport Blutgruppensubstanzträger	Fremdstoffabwehr Immunantwort	Blutgerinnung

Die erste Abbildung einer Blutübertragung (1685)

Schafblut verträgt sich nicht mit Menschenblut. Daher zeigt diese Abbildung wohl keine gelungene Transfusion; das Blut gerann und verhinderte den Übertritt vom tierischen in den menschlichen Kreislauf. Das war 150 Jahre bevor man die Blutgruppen kannte und über die Verträglichkeit des Blutes etwas wusste.

IV.2 Informationen zur Unterrichtspraxis

IV.2.1 Einstiegsmöglichkeiten

Einstiegsmöglichkeiten	Medien
A.	
■ L sticht sich mit einer Blutlanzette in den Finger und lässt etwas Blut auf einen Objektträger fallen. ▶ **Problemfrage**: Was ist Blut und was bewirkt es im Körper?	
B.	
■ L zeigt Blutspendeausweis oder Plakat zum Aufruf zur Blutspende. ▶ **Problemfrage**: Warum muss bei Blutverlust Blut gespendet werden? Was macht es so wichtig für den menschlichen Körper?	■ Blutspendeausweis bzw. Plakat

IV.2.2 Erarbeitungsmöglichkeiten

Erarbeitungsschritte	Medien
A./B.1. Aufgaben des Blutes	
■ L- Impuls: Wir wollen heute einige Untersuchungen an Blut durchführen. ■ Unterrichtsgespräch über Beobachtungen der SuS	■ Material IV./M 1 (Experiment): Aufnahme von Gasen durch das Blut ■ Tafel
Unterrichtliche Anmerkung: Dieser Versuch leitet direkt zur nächsten Frage über: Wie werden O_2 und CO_2 im Blut transportiert? Welche Bestandteile enthält Blut?	
A./B.2. Zusammensetzung des Blutes	
Unterrichtliche Anmerkung: Der Versuch hat die SuS für die Frage motiviert, welche Bestandteile im Blut enthalten sind und sie können nun selbständig fordern, sich Blut einmal genauer anzusehen.	
■ L demonstriert, dass Blut aus festen und flüssigen Bestandteilen besteht. ■ SuS-Übung: Mikroskopieren von Blut (Frisch und Fertigpräparat) und zeichnen der Beobachtungen. ■ Unterrichtsgespräch: Die Bestandteile des Blutes.	■ Oxalatblut Material IV./M 2 (Experiment): Flüssige und feste Bestandteile des Blutes. ■ Mikroskope, Blut und Fertigpräparate ■ Material IV./M 3 (Experiment): Mikroskopieranleitung ■ Material IV./M 4 (Materialgebundene Aufgabe): Zusammensetzung des Blutes
Unterrichtliche Anmerkung: wirft die Frage nach den Funktionen der einzelnen Bestandteile auf und welcher Bestandteil nun für den Gastransport verantwortlich ist.	
■ Welche Aufgabe übernehmen die Roten Blutkörperchen?	

Erarbeitungsschritte	Medien
A/B.3. Der Wundverschluss	
■ L sticht mit einer Kanüle in einen Plastikbeutel, der mit Kirschsaft gefüllt ist und fordert die S auf, das Auslaufen zu stoppen.	■ Plastikbeutel, Kanüle, Kirschsaft ■ Verbandsmaterial
■ Unterrichtsgespräch über die Beobachtungen.	■ Tafel
■ Warum stoppt die menschliche Blutung, falls sie nicht zu gross ist, sodass sie genäht werden müsste?	
■ SuS-Übung: Gerinnung des Blutes	■ Material IV./M 5 (Materialgebundene Aufgabe): Die Blutgerinnung *(Anmerkung: Bei diesem Arbeitsblatt ist bewusst nicht durch Kästchen angegeben, wieviel Zwischenschritte bei der Blutgerinnung stattfinden, dieses sollte der L je nach Leistungsstand der Klasse selbst bestimmen.)*
■ Warum können bereits kleine Verletzungen für einen Bluter gefährlich sein?	■ Tafel
A./B.4. Das AB0-System	
■ L zeigt Folie „Blutübertragung von einem Tier zum Menschen" und informiert über die Sterblichkeitsrate. (Führt dazu, dass SuS ihr Vorwissen zu Blutübertragungen titulieren)	■ Folienkopie (s. Sachinformationen)
■ L zeigt Film zum Landsteinerversuch	■ Material: Film Blutgruppen – Karl Landsteiner
■ SuS sammeln Angaben zum Versuch Landsteiners mit anschließendem Zusammentragen an der Tafel	■ Tafel
■ L-Impuls: Erläutert die Ergebnisse! ■ L-Impuls: Warum sind unsachgemäße Blutübertragungen gefährlich?	
■ SuS-Übung: L gibt den S Modelle von Blutzellen mit den verschiedenen Antigenen auf der Oberfläche und fordert S auf, ein Modell zu entwickeln, das die Ergebnisse Landsteiners erklärt.	■ Material IV./M 6 (Materialgebundene Aufgabe): Die Blutgruppen
■ L: Wie kann man, um letale Ausgänge zu vermeiden, Blutgruppen bestimmen?	■ Material IV./M 7 (Materialgebundene Aufgabe): Blutgruppenbestimmung
■ Unterrichtsgespräch über das „was bei einer Blutspende beachtet werden muss, welche Blutelemente gespendet werden können und wem sie nützen".	

Erarbeitungsschritte	Medien
A./B.5. Der Rhesusfaktor	
■ L greift auf Einstiegsstunde „Blutspendeausweis" zurück oder zeigt ihn jetzt und fragt SuS, was sie bereits über den Rhesusfaktor wissen. ■ SuS-Übung: Der Rhesusfaktor ■ Unterrichtsgespräch: Was muss bei einer Blutspende zusätzlich zu dem bisher erarbeiteten beachtet werden? ■ SuS-Übung: S entwerfen einen Artikel für die Zeitung oder Schülerzeitung, warum möglichst viele Leute Blut spenden sollten.	■ Material IV./M 8 (Materialgebundene Aufgabe): Der Rhesusfaktor Blutspendeausweis

IV./M 1	**Aufnahme von Gasen durch das Blut**	**EXPERIMENT**

Arbeitsmaterial:

Versuchsprotokoll

Thema: Der Gastransport im Blut

Material und Geräte: 3 Erlenmeyerkolben (200 ml); Glasrohre; Handblasebalg oder Luftpumpe; Oxalatblut

Durchführung:
A. Gib in drei Erlenmeyerkolben jeweils 50 ml Blut.
B. Drücke mit einem Handblasebalg oder einer Luftpumpe durch die 1. Probe (Probe A) drei Minuten lang normale Luft (sauerstoffreich).
C. Blase mit einem Glasrohr durch die zweite Probe (Probe B) drei Minuten lang Ausatmungsluft (kohlenstoffdioxidreich).
D. Die dritte Probe bleibt unbehandelt (Kontrolle)

Aufgabe: Halte deine Beobachtungen fest.

E. Tausche Probe A und B gegeneinander aus.
F. Blase in Probe A mit einem Glasrohr nun fünf Minuten lang Ausatmungsluft (kohlenstoffdioxidreich).
G. Drücke in Probe B mit dem Handblasebalg fünf Minuten lang frische Luft (sauerstoffreich).
H. Die dritte Probe bleibt wieder unbehandelt.

Aufgabe: Halte wiederum deine Beobachtungen fest und erkläre sie.

IV./M 2	**Trennung von Blutplasma und Blutzellen**	**EXPERIMENT**

Arbeitsmaterial:

Versuchsprotokoll

Thema: Blut besteht aus festen und flüssigen Bestandteilen

Material und Geräte: Oxalatblut; 2 Bechergläser

Durchführung:
Oxalatblut in ein Becherglas gießen und etwa 24 Stunden an einem kühlen Ort ruhig stehen lassen. Nach Möglichkeit am nächsten Tag frisches Oxalatblut in ein zweites Becherglas füllen und zum Vergleich daneben stellen. Sollte dies nicht möglich sein, sollte man sich mit einer Abbildung behelfen.

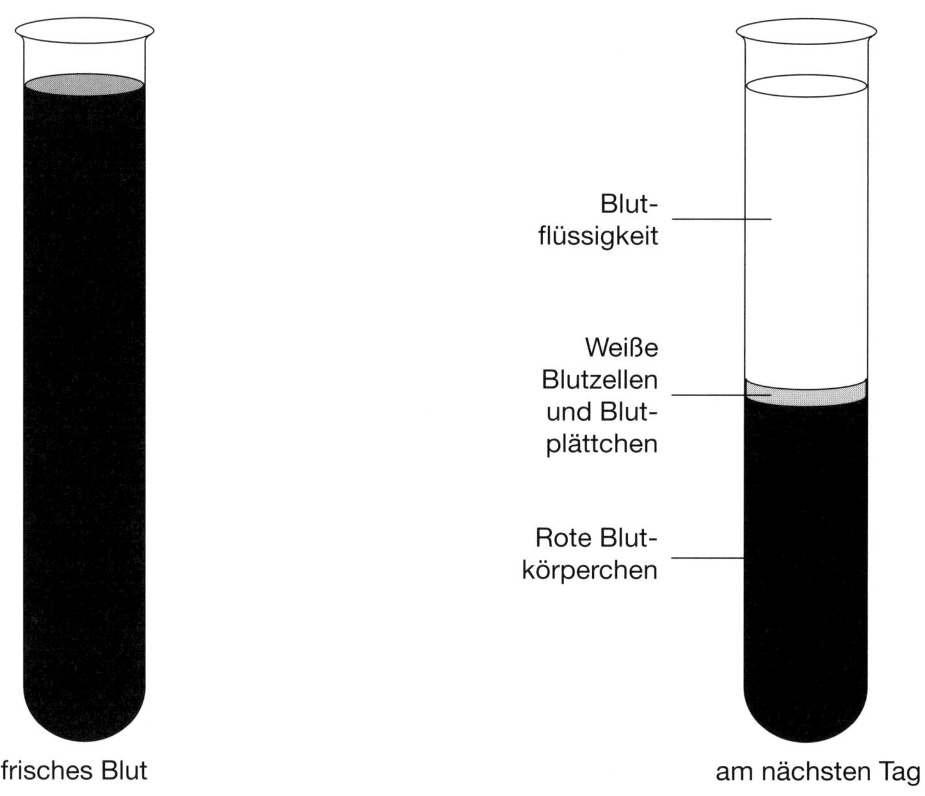

Aufgaben:

a) Wie bezeichnet man die flüssigen Bestandteile des Blutes?
b) Welche Stoffe sind darin gelöst?
c) Welche Aufgabe haben die flüssigen Bestandteile?

IV./M 3	**Mikroskopische Untersuchung eines Blutpräparates**	**EXPERIMENT**

Arbeitsmaterial:

Versuchsprotokoll

Thema: Blutbestandteile

Material und Geräte: Mikroskop, Tropfpipette, Objektträger, Deckgläser, Oxalatblut, Dauerpräparate.

Durchführung:
1. Gib einen Tropfen Oxalatblut auf den Objektträger.
2. Lege ein Deckglas auf.
3. Untersuche das Präparat zunächst bei 100facher Vergrößerung,
4. dann bei 400facher Vergrößerung.

Aufgaben:
Skizziere deine Beobachtungen. Registriere dabei die Form, Größe, Farbe, Anzahl der Blutkörperchen und weitere Besonderheiten, die dir auffallen.

Durchführung:
1. Lege nun das Dauerpräparat unter dein Mikroskop.
2. Untersuche das Präparat erst wieder bei 100facher Vergrößerung,
3. dann bei 400facher Vergrößerung.

Aufgaben:
a) Skizziere deine Beobachtungen. Welche Unterschiede stellst du im Gegensatz zum Frischpräparat fest?
b) Welcher Bauunterschied besteht zwischen einem roten und einem weißen Blutkörperchen?
c) Gibt es mehr weiße oder mehr rote Blutkörperchen?

Blutausstrich

IV./M 4	Aufgaben einzelner Bestandteile des Blutes	Materialgebundene **AUFGABE**

Arbeitsmaterial:

Zusammensetzung und Aufgaben des Blutes

Im Gefäßsystem des Körpers fließen ca. 5–7 Liter Blut. Lässt man eine geringe Menge Blut längere Zeit in einem Reagenzglas bei niedriger Temperatur und unter Luftabschluss stehen, sinken seine festen Bestandteile langsam zu Boden. Als Überstand bleibt eine leicht getrübte, gelbliche Flüssigkeit, das Blutplasma. Im Plasma werden die Bausteine der Nährstoffe vom Darm zu allen Zellen gebracht. Auf die gleiche Weise werden die Giftstoffe im Blut, die von außen aufgenommen wurden oder bei Stoffwechselvorgängen im Körper entstanden sind, zur Leber zum Abbau oder zur Niere zur Ausscheidung transportiert. Ebenfalls im Plasma werden Hormone und Vitamine befördert.

Wer Sport treibt bekommt eine rote, stark durchblutete Haut. Dies geschieht durch Erweiterung der in der Haut befindlichen Blutgefäße und auf diese Weise wird die bei der Körperertüchtigung entstehende Wärme nach außen transportiert und abgegeben. Im Winter wird durch Verengung der Blutgefäße in der Haut bewirkt, dass man nicht zuviel Wärme verliert.

Die festen Bestandteile des Blutes sind die roten Blutzellen (Erythrozyten), die weißen Blutzellen (Leukozyten) und die Blutplättchen (Thrombozyten).

Die roten Blutzellen sind flache, von beiden Seiten eingedellte Scheibchen. Sie werden im roten Knochenmark aus Stammzellen durch Zellteilung gebildet. Eine wesentliche Aufgabe der roten Blutzellen ist der Sauerstofftransport. Sie enthalten den Blutfarbstoff Hämoglobin, der den Sauerstoff binden kann. (Da Kohlenmonoxid eine stärkere Bindung mit dem Hämoglobin eingeht, verhindert es den Sauerstofftransport und ist daher giftig.) Außerdem sind die roten Blutzellen am Transport des Kohlenstoffdioxids zur Lunge beteiligt.

Erst im angefärbten Blutausstrich sind unter dem Mikroskop die weißen Blutzellen – die Leukozyten – zu erkennen. Sie entstehen in den Lymphknoten, den lymphatischen Organen und im Knochenmark. Während die roten Blutkörperchen passiv vom Blutstrom mitgenommen werden, können sich die weißen Blutzellen aktiv wie Amöben fortbewegen. Sie wandern auch gegen den Blutstrom, zwängen sich durch Kapillarwände in die Gewebszellen der Organe und können so fast jeden Ort im Körper erreichen. Ihre Hauptaufgabe ist das Fressen von Fremdkörpern und Krankheitserregern. Oft bildet sich an einer Wunde Eiter. Dieser setzt sich überwiegend aus abgestorbenen weißen Blutzellen zusammen.

Die Blutplättchen (Thrombozyten) sind kleine Zellbruchstücke und entstehen im Knochenmark.

Aufgaben:

a) Welche Stoffe werden im Plasma transportiert?
b) Erläutere die Funktion des Blutes im Hinblick auf die Wärmeverteilung.
c) Warum haben wir in den Adern statt Blut nicht Wasser?
d) Welche Aufgaben haben die Leukozyten?
e) Welches Gas verhindert, dass das Hämoglobin Sauerstoff aufnehmen kann?

IV./M 5	Die Blutgerinnung	Materialgebundene AUFGABE

Arbeitsmaterial:

Der Wundverschluss

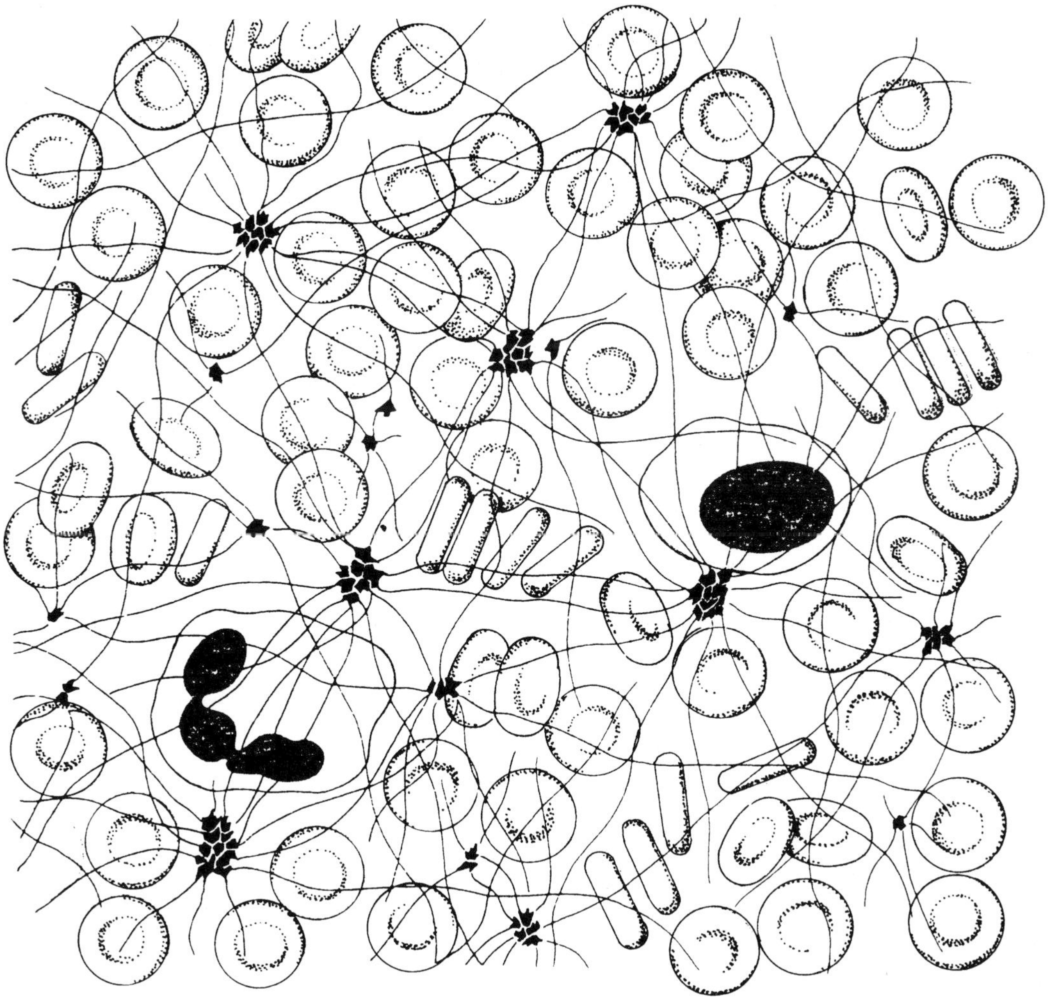

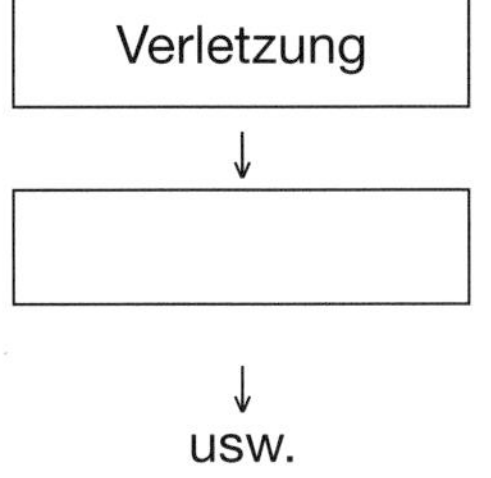

Aufgaben:

a) Beschreibe die Vorgänge beim Wundverschluss anhand der Abbildung. Beachte dabei die logische Reihenfolge.
b) Vervollständige folgendes vereinfachtes Schema.

Verletzung

↓

usw.

IV./M 6	**Das AB0-System**	**Materialgebundene AUFGABE**

Arbeitsmaterial:

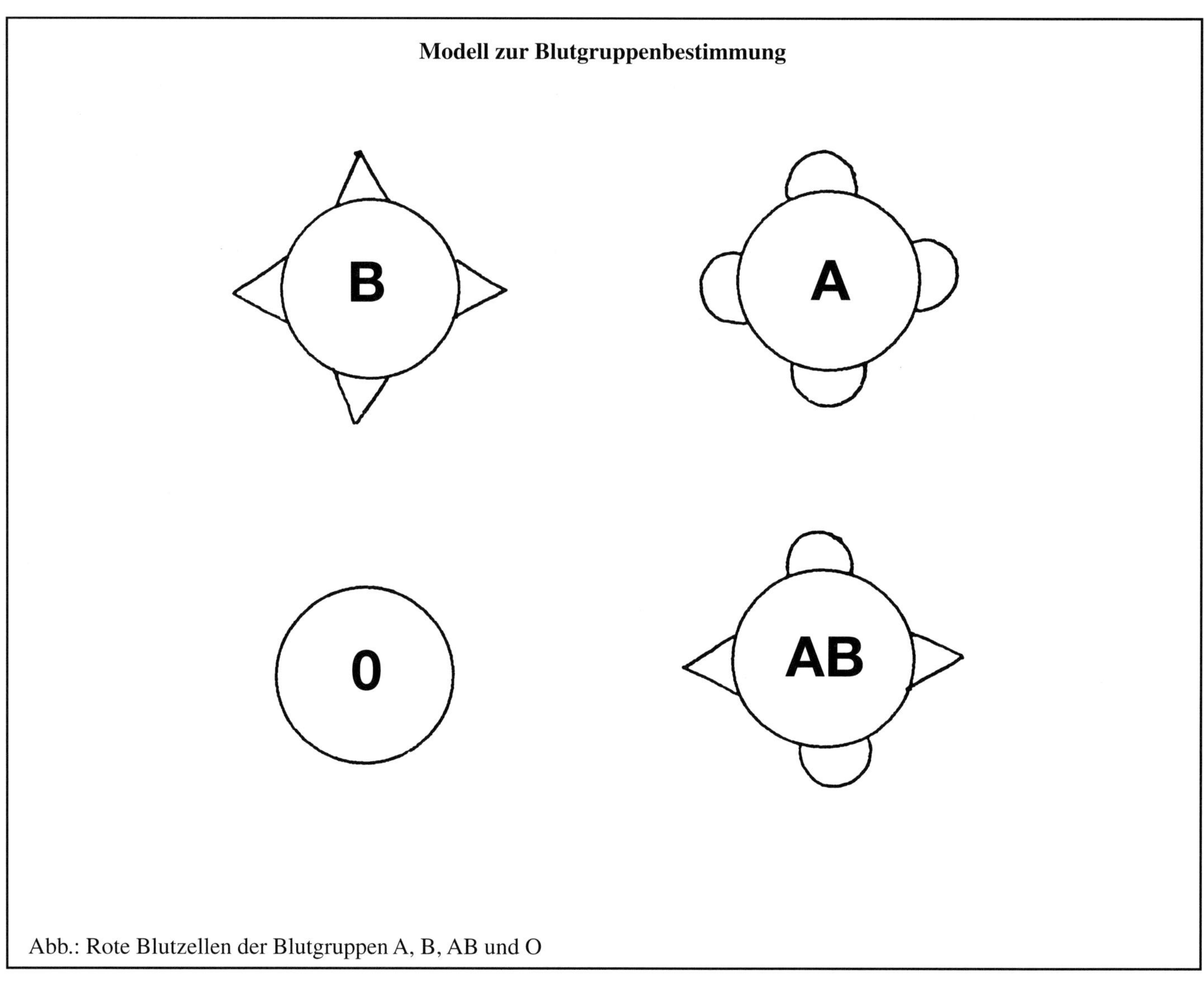

Modell zur Blutgruppenbestimmung

Abb.: Rote Blutzellen der Blutgruppen A, B, AB und O

Aufgaben:

a) Entwickle Modelle der passenden Antikörper mit denen du das Ergebnis Landsteiners erklären kannst.

b) Erkläre die Begriffe „Antigen" und „Antikörper" anhand der Modelle.

IV./M 7	Blutgruppenbestimmung	Materialgebundene AUFGABE

Arbeitsmaterial:

Blutgruppenbestimmung

Um Zwischenfälle bei einer Blutübertragung auszuschließen, muß vor jeder Blutübertragung die sogenannte Kreuzprobe durchgeführt werden. Das ist eine serologische Untersuchung bei der Blutserum des Empfängers auf die Verträglichkeit mit Roten Blutkörperchen des Spenders untersucht wird. Entsteht keine Agglutination (Verklumpung), darf eine Blutübertragung durchgeführt werden.

Hier wurde ein solcher Kreuztest schematisch durchgeführt:

Blutkörperchen   **Serum**

	Anti-A	Anti-B	Anti-AB
A	Agg		
B			
AB			
O			

Aufgaben:

a) Fülle den Kreuztest aus. Agg bedeutet Agglutination; - - bedeutet keine Reaktion
b) Weshalb ist es wichtig zu wissen, welche Blutgruppe man hat?
c) Wie unterscheiden sich die einzelnen Blutgruppen voneinander?

Blutgruppe	reagiert mit	kann Blut spenden an	verträgt Blut von
A	B		
B			
AB			
O			

Aufgaben:

d) Fülle die Tabelle aus.
e) Erkläre die Begriffe „Universalspender" und „Universalempfänger"

IV./M 8	Der Rhesusfaktor	Materialgebundene AUFGABE

Arbeitsmaterial:

Außer den Antigenen A und B gibt es noch ein weiteres Protein, das auf der Oberfläche von roten Blutkörperchen sitzt. Es ist der Rhesusfaktor, so benannt, weil er bei Rhesusaffen entdeckt wurde. Etwa 85 % aller Menschen haben ihn im Blut, das heißt, dass 15 % den Rhesusfaktor nicht haben. Normalerweise macht das nichts, aber bei Blutübertragungen und Schwangerschaften spielt es eine zentrale Rolle. Das Fehlen dieses Faktors wird als rhesus (rh –)negativ bezeichnet, das Aufweisen dementsprechend als rhesus (rh +)positiv. Warum es bei Blutübertragungen problematisch ist, dürfte dir klar sein. Aber warum bei Schwangerschaften?

Die Abwehr einer Schwangeren kann das Leben des ungeborenen Kindes bedrohen, wenn die werdende Mutter rhesusnegativ ist und das Kind rhesuspositiv und das ihre zweite Schwangerschaft mit einem rhesuspositiven Kind ist. Rhesusnegatives Blut enthält zunächst keine Antikörper gegen rhesuspositives Blut, bei jeder Geburt kommt es jedoch zum Übertritt von einer kleinen Menge kindlichen Blutes in den Kreislauf der Mutter, so dass diese Abwehrstoffe gegen das Blut des Babys bildet, die bei einer erneuten Schwangerschaft das Leben des Babys bedrohen können.

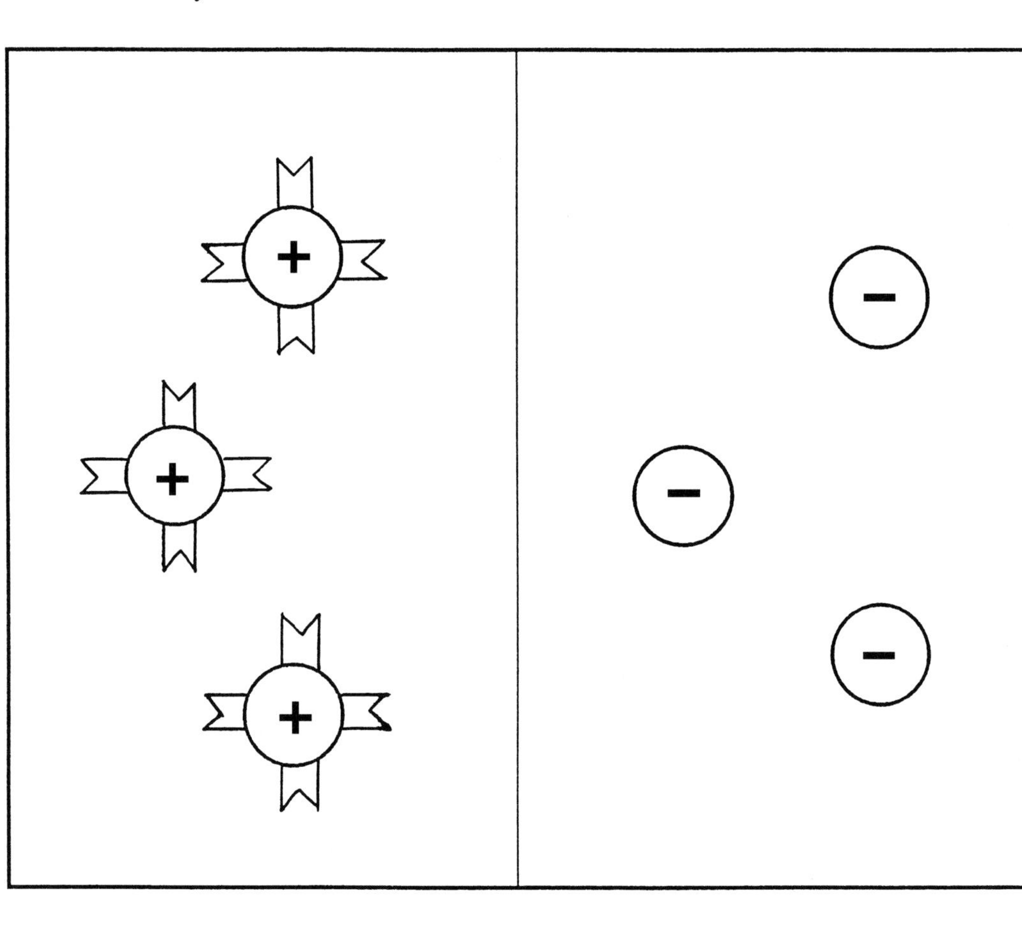

Aufgaben:

a) Zeichne die Vorgänge bei der zweiten Schwangerschaft.
b) Erkläre, warum für das Kind keine Gefahr besteht, wenn es wie die Mutter rhesusnegativ ist.

IV.2.3. Lösungshinweise zu den Aufgaben der Materialien

IV./M 1

Reaktion von Blut auf Sauerstoffzufuhr: Es färbt sich hellrot. Der Sauerstoff wird an das Hämoglobin der roten Blutkörperchen gebunden und durch die Gefäße transportiert. Das Hämoglobin oxydiert zu hellrotem Oxyhämoglobin.
Reaktion von Blut auf Kohlenstoffdioxid: Es färbt sich im Vergleich zur Kontrollprobe dunkelrot. Durch das eingeleitete Kohlenstoffdioxid wird das Hellrote Oxyhämoglobin zu dunkelrotem Hämoglobin reduziert.

IV./M 2

a) Blutserum.
b) Zucker, Eiweißbausteine, Salze, Hormone, Abfallstoffe.
c) Transport der gelösten Stoffe.

IV./M 3

a) Im Gegensatz zum Frischpräparat kann man im Dauerpräparat die weißen Blutkörperchen erkennen, die im Blut von gleichwarmen Tieren nach Austritt aus den Gefäßen schnell zerfallen und daher im Frischpräparat nicht gesehen werden können.
b) Die weißen Blutkörperchen sind größer, haben unterschiedliche Strukturen in ihrem Inneren und sind erheblich weniger als die roten Blutkörperchen. Die roten Blutkörperchen sind etwas abgeflacht (eingedellt), sind kleiner, kernlos und rund.
c) Es gibt erheblich mehr rote Blutkörperchen als weiße.

IV./M 4

a) Das Plasma transportiert Wärme, Kohlenstoffdioxid, Hormone, Bausteine der Nährstoffe und Abbauprodukte des Stoffwechsels.
b) Das Blut reguliert den Wärmehaushalt, indem es im Sommer durch Erweiterung der Gefäße Wärme nach außen abgibt, während es im Winter durch Verengung der Gefäße darauf achtet, dass nicht zu viel Wärme verloren geht.
c) Die Bestandteile des Blutes erfüllen vielfältige Funktionen, die Wasser nicht erfüllen könnte.
d) Die Leukozyten wehren Infektionen ab, indem sie Krankheitserreger fressen.
e) Das Kohlenstoffmonoxid verhindert, dass das Hämoglobin Sauerstoff aufnehmen kann.

IV./M 5

a) Die Blutplättchen zerfallen, dabei wird ein Gerinnungsfaktor frei, der weitere Gerinnungsfaktoren aktiviert, die schließlich ein dichtes Fibrinnetz bilden, das die Wunde verschließt.

b) Verletzung, Zusammenziehen der Wände der verletzten Gefäße, Zerfall von Blutplättchen, Thrombokinase, Prothrombin, Thrombin, Fibrinogen, Fibrin, Blutgerinnung.

IV./M 6

a)

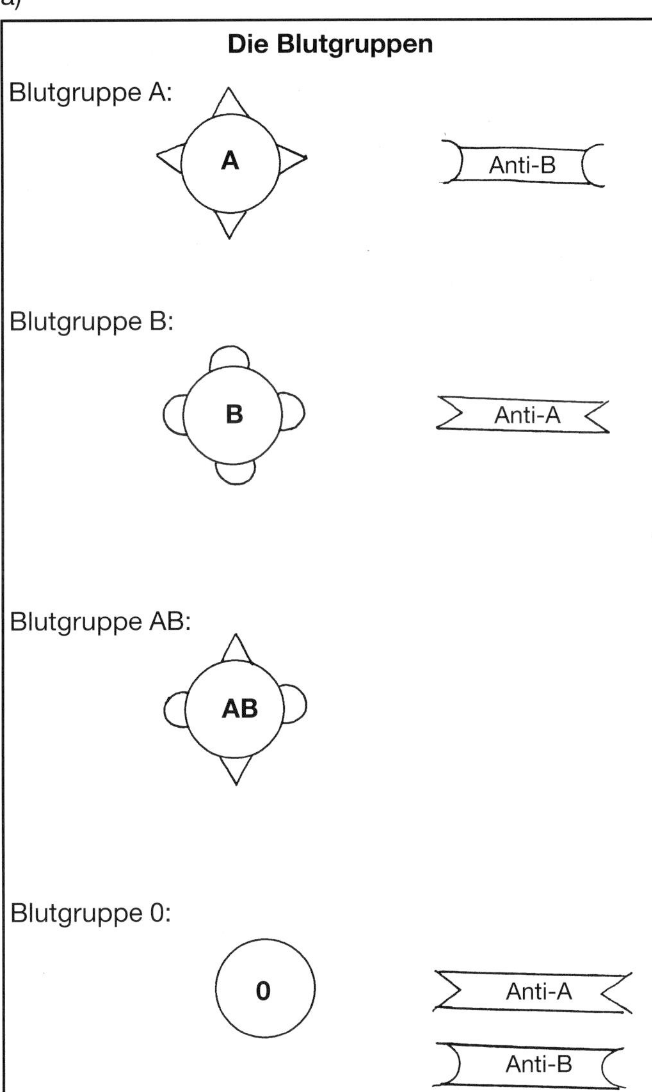

b) Antigene nennt man die Eiweißgruppen auf den roten Blutkörperchen und Antikörper nennt man die Eiweißgruppen im Blutserum.

IV./M 7

a)

Blutkörperchen   Serum

	Anti-A	Anti-B	Anti-A,B
A	Agg	--	Agg
B	--	Agg	Agg
AB	Agg	Agg	Agg
O	--	--	--

b) Es ist für eine verletzte Person oder bei Operationen überlebenswichtig. Bekäme die Person, die eine Bluttransfusion benötigt, Blut, das mit ihrer Blutgruppe agglutiniert, so würden die Blutkörperchen durch die Antikörper des übertragenen Blutes verklumpt werden, die Blutgefäße würden verstopfen und es gäbe große Komplikationen, die der Patient nicht überleben würde.

c) Die verschiedenen Blutgruppen unterscheiden sich durch die Antigene auf den roten Blutkörperchen voneinander.

d)

Blutgruppe	reagiert mit	kann Blut spenden an	verträgt Blut von
A	B	A/AB	A/O
B	A	B/AB	O/B
AB	Keinem	AB	A/B/AB/O
O	A/B	O/A/B/AB	O

e) Ein Mensch mit der Blutgruppe O kann jedem anderen Menschen Blut spenden, man sagt, er ist ein Universalspender. Menschen mit der Blutgruppe AB können Blut jeder ABO-Blutgruppe empfangen, man sagt sie sind Universalempfänger. Da es jedoch noch weitere Blutgruppenfaktoren gibt, muss in jedem Fall vorher ein Kreuztest gemacht werden, um negative Auswirkungen zu vermeiden.

IV./M 8

Baby   Mutter

2. Schwangerschaft

b) Für das Kind bestände dann keine Gefahr, weil das rhesusnegative Blut keine Antikörperbildung auslöst.

IV.3 Medieninformation

IV.3.1 Audiovisuelle Medien

FWU-Video 42 02062: Blutgruppen - Karl Landsteiner, 16 min sw + f

Annotation: *Der Film zeigt die lange Geschichte der Bluttransfusion. Diese nahm in den Anfängen geradezu absurde Formen an. So wurde versucht, dem Menschen tierisches Blut zu verabreichen. Aber selbst Übertragungen von Menschenblut endeten nicht selten tödlich. Die Ursache dieser Zwischenfälle wurde erst um das Jahr 1900 von dem Österreicher Karl Landsteiner entdeckt. Ihm gelang es, das menschliche Blut in vier Blutgruppen einzuteilen. Es war die Entdeckung der menschlichen Blutgruppen, die das Bluttransfusionswesen erst ermöglichte.*

FWU-Video 42 02342: Blut - der ganz besondere Saft , 13 min

Annotation: *Mit Real- und Trickaufnahmen führt uns der Film in das Innere unseres Körpers. Anschaulich und verständlich informiert er über die Zusammensetzung des Blutes, speziell Aufgaben einzelner Blutbestandteile und den Blutkreislauf.*

IV.3.2 Zeitschriften

DRK- Präsidium: Unterrichtseinheit Blut (Schülerheft und Lehrerheft). 1994, Ferd. Dümmler Verlag, Bonn

Kattmann, U. (Hrsg.): Stoffwechsel des Menschen. Sammelband in Unterricht Biologie, 1994, Friedrich Verlag

IV.3.3 Bücher

Baer, H.-W.: Biologische Versuche im Unterricht. Aulis Verlag Deubner & Co KG, Köln 1985

Silbernagel, S.: Despopoulos, A.: Taschenatlas der Physiologie, Thieme 1983

V. Unterrichtseinheit (UE): Blutkreislauf

Lernvoraussetzungen:

Anatomie des Menschen, Kenntnis der Geschichte und Religion der letzten 2000 Jahre in groben Zügen.

Gliederung:

Die Pfeile geben die hier vorgeschlagene Unterrichtssequenz inhaltlicher Schwerpunkte dieser Unterrichtseinheit an. Es sind aber auch andere Sequenzen denkbar.

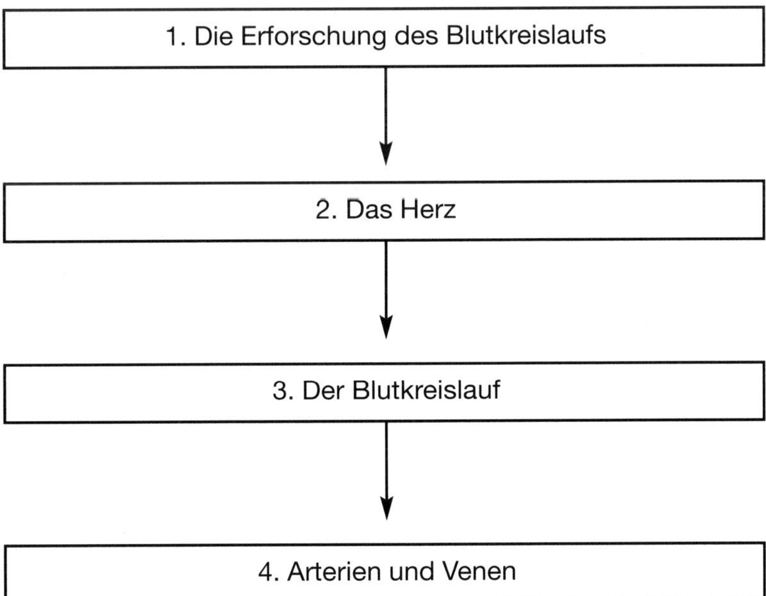

Zeitplan:

Die skizzierte Unterrichtseinheit wird etwa 8 Stunden beanspruchen.

V.1 Sachinformationen:

Arterien:
Die Lungenarterie bringt Blut vom Herzen zu den Lungen. Die anderen Arterien transportieren frisch mit Sauerstoff angereichertes Blut vom Herzen durch den ganzen Körper.

Blutgefäße:
Arterien oder Schlagadern, Venen oder Blutadern und Kapillaren oder Haargefäße.

Blutvolumen:
Anteil am Körpergewicht: 6 bis 8 %
Erwachsene: 4 bis 6 Liter

Diastole:
Auch Erschlaffung. Der Zeitraum im Bewegungsablauf des Herzens, während dem die Herzmuskeln ganz erschlafft sind und sich die Vorhöfe dann langsam wieder mit Blut füllen.

William Harvey

* 1.4. 1578 in Folkestone und gestorben 3.6.1657 in Hampstead, engl. Anatom und Arzt. Eineinhalb Jahrtausende nach van Galen galt noch immer dessen Lehre, einer von denen, die sich nicht damit zufrieden gaben, war William Harvey. Er begann mit der Sektion von Tieren und bewies, dass das Blut auf seinem Weg von der rechten in die linke Herzkammer die Lunge passiert.
Und dann begann Harvey zu rechnen. Wenn das Blut – wie Galen behauptete – „verbraucht" wird, müsste der Körper stets neues Blut erzeugen. Er errechnete, dass pro Stunde 268 Kilogramm Blut durch den Körper gepumpt wird, und so kommt er zu dem Schluss: Das Blut wird nicht verbraucht, sondern durchläuft einen Kreislauf, vom Herzen durch den Körper und dann wieder zum Herzen zurück.

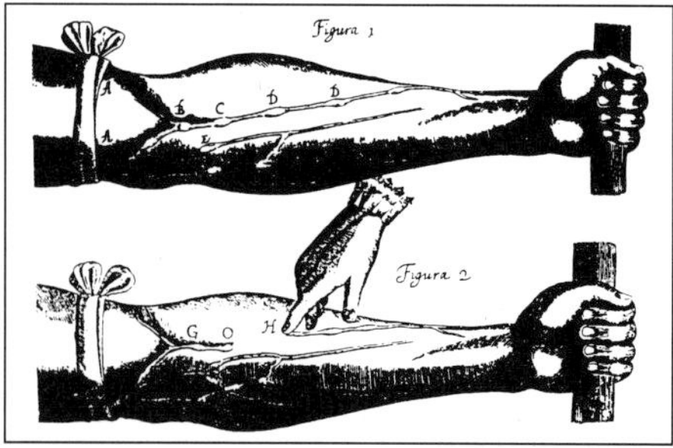

Bei diesem Versuch prüft Harvey den Blutkreislauf und zeigt, dass einige Blutgefäße das Blut zum Herzen hin-, andere das Blut vom Herzen wegführen.

Kammer:
In jeder Herzhälfte gibt es zwei Hohlräume. Den unteren Hohlraum nennt man Herzkammer, den oberen Vorhof.

Kapillaren:
Auch Haargefäße genannt. Es handelt sich dabei um kleine Blutgefäße mit dünnen Wänden, die die Arterien und Venen miteinander verbinden. Sie bilden ein Netz mit deren Hilfe Nahrung, Sauerstoff und andere Stoffe zwischen Blut und Gewebe ausgetauscht werden.

Klappe:
Ein Mechanismus, der sich öffnet, um zum Beispiel eine Flüssigkeit in eine Richtung fließen zu lassen, und schließt, um sie am Zurückfließen zu hindern. Klappen gibt es in Venen und Lymphgefäßen.

Puls:
Wenn das Herz während der Systole Blut in die Arterien drückt, dehnen sich diese vorübergehend aus. Diese Dehnung, die bei jedem Herzschlag stattfindet, ist der Puls.
Ruhepuls: Puls im Sitzen oder Stehen nach mindestens 10 Min. Ruhe.
Belastungspuls: Puls unmittelbar nach einer Belastung.
Pulsnormalwerte:

Alter	Pulsschläge / Minute
Neugeborene	ca. 140
2 Jahre	120
4 Jahre	100
10 Jahre	90
14 Jahre	85
Erwachsener	70 – 80
alter Mensch	80 – 85

Segelklappe:
Klappe, die im Herzen auf jeder Hälfte jeweils zwischen Vorhof und Kammer sitzt. Sie verhindert das Zurückfließen des Blutes.

Systole:
Auch Zusammenziehung. Phase im Bewegungsablauf des Herzens, während der die Muskeln des Herzens zusammengezogen sind, um Blut aus dem Herzen in die Arterien zu pumpen.

Taschenklappen:
Klappen, die sich im Herzen zwischen Vorhof und Aorta bzw. Vorhof und Lungenarterie befinden. Die Klappen werden auch Aorten- oder Pulmonalklappen genannt.

Van Galen:

Galenos von Pergamon (Galenos, griech.= der Friedliche) * 129 in Pergamon (Kleinasien) stirbt um 200 in Rom.
Aus überliefertem Wissen und eigenen Beobachtungen durch das Sezieren von Tieren, entwickelte er ein Lehrgebäude, das bis in die Anfänge der Neuzeit fast unerschütterlich schien: Danach werden die Nährstoffe, die der Mensch mit der Nahrung aufnimmt, von den Därmen in die Leber gebracht, wo sie eine geheimnisvolle Substanz namens „spiritus naturalis" (natürlicher Geist) in Blut umwandelt. Dieses Blut vermische sich mit aus der Lunge aufgenommener Luft. Arterien und linke Herzkammern enthielten kein Blut, sondern nur Luft, daher nannte er die linke Herzhälfte „Lufthöhle". Aus der rechten Kammer der „Bluthöhle" fließe das Blut durch die poröse Scheidewand und durch die Herzkammer in die Venen und wieder zurück. Dieses Hin und Her sei mit Ebbe und Flut vergleichbar.
Diese Anschauungen van Galens galten fast 1500 Jahre, erst William Harveys Forschungen veränderten die Ansichten über den Blutkreislauf.

Vorhof:
Das Herz hat in seinem Inneren vier Hohlräume, die zwei oberen nennt man linken und rechten Vorhof, die unteren Hohlräume sind die Kammern.

V.2 Informationen zur Unterrichtspraxis

V.2.1 Einstiegsmöglichkeiten

Einstiegsmöglichkeiten	Medien
A.	
■ L liest Gedichte vor, in denen das Herz als Symbol der Liebe eine Rolle spielt. ▶ **Problemfrage**: Warum hat das Herz als Symbol so eine große Bedeutung?	■ Material z. B. Willkommen und Abschied von Johann Wolfgang von Goethe
Unterrichtliche Anmerkung: Durch das Gespräch über die Bedeutung des Herzens werden sowohl Vorwissen als auch Wissenslücken deutlich.	
B.	
■ SuS-Übung: SuS fühlen gegenseitig den Puls am Handgelenk. ▶ **Problemfrage**: Wieso kann man am Handgelenk ein Klopfen spüren?	

V.2.2 Erarbeitungsmöglichkeiten

Erarbeitungsschritte	Medien
A./B.1. Die Erforschung des Blutkreislaufs	
■ L: Woran erkennen wir, dass wir ein Blutgefäßsystem und ein Herz haben? ■ S-Übung: SuS hören beim Nachbarn mittels eines Trichters den Herzschlag ab und beachten dabei, dass zwei unterschiedliche Töne zu hören sind. ■ L-Info: Diese Geräusche hat man auch früher schon wahrgenommen und sich dafür interessiert. Die Erforschung des Herzens begann schon vor sehr langer Zeit, der erste Forscher war van Galen, der vor fast 2000 Jahren lebte. ■ L zeigt Folienkopie von van Galens Untersuchungen	■ Tafelanschrieb: sichtbare Venen und Arterien am Körper, Herzgeräusche ■ Material V./M 1 (Materialgebundene Aufgabe): Van Galens Untersuchungen
Unterrichtliche Anmerkung: Die S stoßen so auf die Frage, warum van Galen Tiere sezieren musste und seine Forschungen nicht an Menschen durchführen konnte und somit auf die erschwerten Bedingungen in der Forschung und daher auf die Fehlvorstellungen.	
■ Unterrichtsgespräch: Vergleich der Bedingungen der Forschung vor 2000 Jahren und heute. ■ L teilt Texte zur Anatomie des Herzens aus. ■ L sammelt die noch offenen Fragen als Anregung zur Präparation	■ Material V./M 2 (Materialgebundene Aufgabe): Die Anatomie des Herzens S zeichnen die Vorstellungen und legen Tabelle an mit: Aufgaben des Blutes, Aufgaben der Atmung, Bau des Herzens, Blutbewegung bei den versch. Forschern.

Erarbeitungsschritte	**Medien**
A./B.2. Das Herz	
■ Um unsere Kenntnisse zum Bau des Herzens zu erweitern, wollen wir ein Schweineherz als SuS-Übung präparieren.	■ Material V./M 3 (Materialgebundene Aufgabe): Bau und Arbeitsweise eines Schweineherzens ■ frische Schweineherzen ■ S erweitern Tabelle um den Kenntnisstand, den sie durch die Präparation gewonnen haben
■ SuS vergleichen Schweineherz und Modell eines Herzens	■ Herzmodell
■ L-Info: Einführen der Begriffe Systole und Diastole.	■ Systole: gr.: Zusammenziehung. Phase in der die Muskeln des Herzens zusammengezogen sind, um Blut aus dem Herzen in die Arterien zu pumpen. Diastole. gr.: Erweiterung. Der Zeitraum, in dem die Herzmuskeln ganz erschlafft sind und sich die Vorhöfe wieder mit Blut füllen. Ruhephase: Zwischen diesen beiden Tätigkeiten liegt die Ruhephase, während der die Taschenklappen geschlossen werden, damit kein Blut mehr zurückfließen kann
■ L: Vergleicht eure Zeichnungen zur Arbeitsweise des Herzens mit dem Material V./M 4 und ergänzt die neuen Begriffe.	■ Material V./M 4 (Materialgebundene Aufgabe): Funktion des Herzens
■ L: Rückgriff auf die am Anfang abgehörten Herztöne. Ordnet die zwei verschiedenen Töne den Begriffen zu.	
A./B.3. Blut in Bewegung	
■ L-Impuls: Warum kann man den Herzschlag am Arm fühlen?	
■ L teilt Text Harveys aus und stellt Harveys Hypothesen zum Blutkreislauf vor.	■ Material V./M 5 (Materialgebundene Aufgabe): Über die Bewegung des Herzens und des Blutes
■ S-Übung: Demonstration der Venenklappen.	■ Material V./M 6 (Materialgebundene Aufgabe): Beobachtungen an Venen
■ Unterrichtsgespräch: Was schloss Harvey aus diesem Versuch?	
■ L zeigt vollständigen Blutkreislauf	■ Material V./M 7 Blutkreislauf
■ SuS-Übung: Puls- und Blutdruckmessung	■ Material V./M 8 (Experiment): Der Puls wird gemessen. ■ Material V./M 9 (Experiment): Blutdruckmessung
■ Unterrichtsgespräch: Erkrankungen des Herz-Kreislaufsystems	
■ L: Ihr kennt sicher nicht nur Erkrankungen des Herz-Kreislaufsystems, sondern auch Krankheiten, bei denen die Lymphknoten anschwellen. Was ist das, die Lymphe?	■ Material V./M 10 (Materialgebundene Aufgabe): Die Lymphe und die Lymphgefäße
■ S-Übung: Fügt das Lymphsystem in eure schematische Zeichnung vom Blutkreislauf ein.	■ Material V./M 7

Erarbeitungsschritte	Medien
A/B. 4. Arterien und Venen	
■ L: Nachdem wir den Blutkreislauf kennengelernt haben, wollen wir uns einmal ansehen, in welchen Leitungen das Blut durch den Körper fließt und ob es hier für venöses und arterielles Blut Unterschiede gibt.	■ Material: Stücke von Arterien und Venen
■ Unterrichtsgespräch über anatomische Besonderheiten und deren funktionalen Grund	
■ Mikroskopie von Fertigpräparaten: Längsschnitt durch die Arterien und Venen	■ Material: Fertigpräparate
■ L schreibt Blutdruckwerte an die Tafel für Arterien, Kapillaren und Venen	Arterien: 120mm/Hg Kapillaren: 30mm/Hg Venen: 7–8mm/Hg
■ Unterrichtsgespräch zur Frage: Wie kommt das Blut zum Herzen zurück?	■ S stellen Hypothesen auf
■ L zeigt Schemabild Blutströmung in Venen durch Pulsation benachbarter Arterien	■ Material V./M 11 (Materialgebundene Aufgabe): Bewegung in Venen durch Pulsation benachbarter Arterien.

| **V./M 1** | **Van Galens Untersuchungen** | **Materialgebundene AUFGABE** |

Arbeitsmaterial:

Quelle: Kattmann, U. (Hrsg.): Stoffwechsel. Sammelband in Unterricht Biologie, Jahrgang 1994, Friedrich Verlag, S. 45

Aufgaben:

a) Beschreibe die Darstellung ausführlich.
b) Warum war es für van Galen schwierig Aussagen über das menschliche Herz zu treffen?

| **V./M 2** | **Die Anatomie des Herzens** | **Materialgebundene AUFGABE** |

Arbeitsmaterial:

Van Galens Vorstellungen zur Anatomie des Herzens

„… Das Herz wird von den Lungenlappen umfasst. Es ist der Gestalt nach zapfenförmig und wie ein Kegel von einer breiten Basis in eine Spitze zulaufend, der Zusammensetzung nach fleischig und sehnig, in pulsierender und unaufhörlicher Bewegung schwingend. Es ist innen hohl und besitzt zwei deutlich sichtbare Höhlen. Die auf der rechten Seite heißt Bluthöhle, weil sie mehr Blut enthält, die auf der linken Seite wird Lufthöhle genannt, weil sie Luft enthält. Diese bewegt sich auch gemäß dem Zusatz der Luft.

Es ist beiderseits mit breiten ohrförmigen Häuten versehen, (so genannt) weil sie die Gestalt von daran befindlichen Ohren besitzen. Aus ihm entspringen viele Gefäße, Venen und Arterien, von denen der ganze Körper mit Gefäßen versorgt wird. Um das Herz liegt die sogenannte Herzumhüllung (der Herzbeutel). Sie ist sehnig und dünn und besitzt Bewegung, welche ihr vom Herzen mitgeteilt wird …"   (Galen)

Quelle: *Galen, C.*: Sieben Bücher der Anatomie des Galen, 2 Bände; dtsch. Text, Kommentar, übers. und ed. von Max Simon. Leipzig 1906

Aufgaben:

a) Lies den Text aufmerksam durch.
b) Stelle die Angaben so zusammen, dass sie dir helfen eine Skizze vom Herzen anzufertigen.
   Skizziere anschließend einen Längsschnitt des Herzens möglichst groß in dein Heft.
c) Schreibe auf, wie die Forscher sich die Bewegung des Herzens vorstellten, wie du sie dir vorstellst.

| **V./M 3** | **Bau und Arbeitsweise eines Schweineherzens** | **EXPERIMENT** |

Arbeitsmaterial:

Versuchsprotokoll

Thema: Untersuchung eines Schweineherzens

Material und Geräte: Schweineherz, Präparationsschale, Gummihandschuhe, Präparierschere, Skalpell oder scharfes Messer, Trichter, 20 – 30cm langer Gummischlauch, Gummistopfen, Glasröhre, Wasser.

Durchführung:

A. Zieh dir deine Gummihandschuhe an und lege dein Schweinherz in die Präparierschale. Betrachte zunächst das Herz von außen. Betrachte Vorhöfe, Kammern und Gefäße. Überlege, welche Aufgaben diese Teile haben können. Notiere deine Überlegungen.

B. Leg das Herz so vor dich hin, dass die Herzspitze von dir weg zeigt. Betaste das Herz von außen. Wie unterscheiden sich die beiden Herzkammern? Notiere dein Tastergebnis.

C. Von der rechten Herzkammer führt die Lungenarterie ab, von der linken Herzkammer die Aorta. Befühle beide Gefäße. Welchen Unterschied stellst du fest? Begründe!

D. Zeichne das Herz von außen.

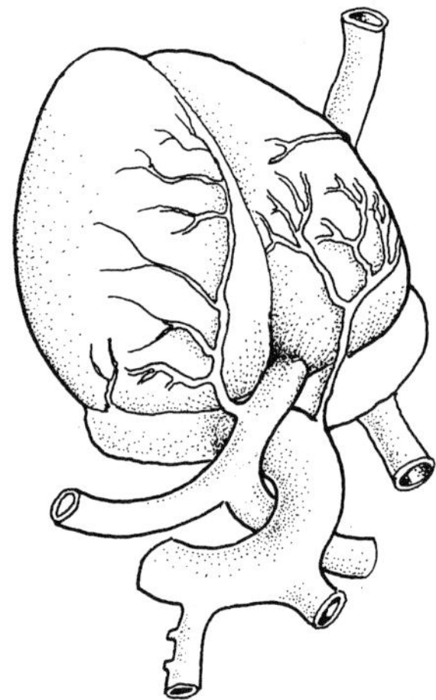

E. Entferne mit der Schere vorsichtig die linke Vorkammer. Nun liegt die linke Segelklappe vor dir. Vergleiche mit der Abbildung. Klemme in die Aorta mit Hilfe eines Gummistopfens eine Glasröhre fest, ohne die Ader zu verletzen. Führe nun in die Glasröhre den Gummischlauch ein und lass mit Hilfe des Trichters vorsichtig Wasser in die Aorta einfließen.

Aufgaben:
a) Was beobachtest du? Notiere!
a) Senke nun den Trichter ab. Was passiert? Schreibe auf!
b) Drück die Herzkammer zusammen. Was passiert? Notiere!
c) Erkläre deine Beobachtungen!

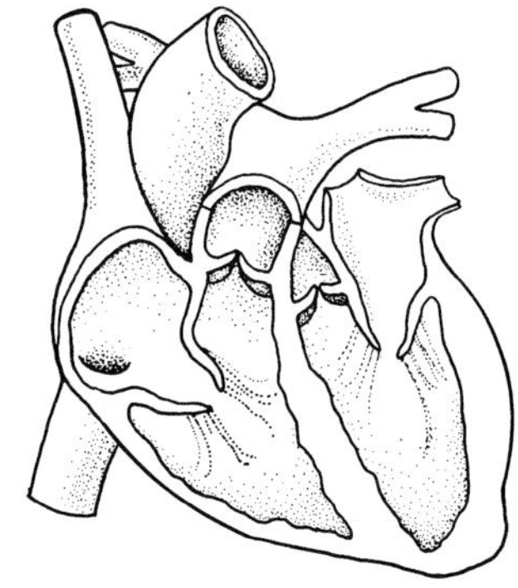

F. Schneide mit der Schere vorsichtig die Aorta auf. Untersuche Bau und Funktion der Taschenklappen. In welche Richtung lassen sie das Blut durchfließen?

G. Schneide mit Messer und Schere die Herzkammern längs auf. Betrachte die Segelklappen.

Aufgaben:

Stelle in einer Abbildungsreihe die Herztätigkeit schematisch dar. Benutze für sauerstoffreiches und -armes Blut unterschiedliche Farben.

V./M 4	Funktion des Herzens	Materialgebundene AUFGABE

Arbeitsmaterial:

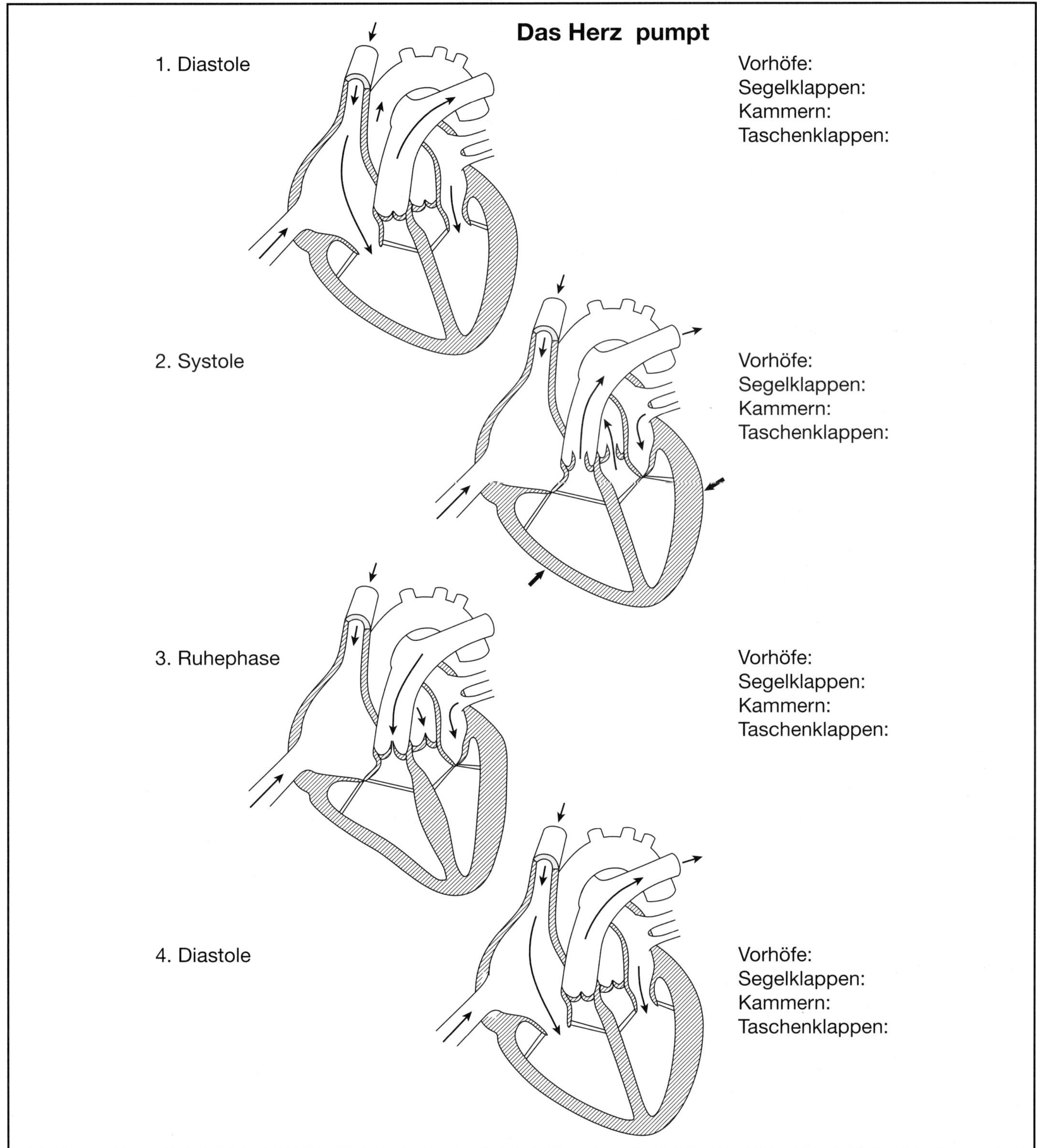

Aufgaben:

a) Betrachte die Abbildungen aufmerksam. Achte besonders auf die Pfeile, die Taschen- und Segelklappen.
b) Male den Bereich des sauerstoffreichen Blutes rot an, den des kohlenstoffdioxidreichen Blutes blau an.
c) Gib den Stand der jeweiligen Herztätigkeit in Stichpunkten an und schreibe sie hinter die Doppelpunkte.

| **V./M 5** | **Über die Bewegung des Herzens und des Blutes** | **Materialgebundene AUFGABE** |

Arbeitsmaterial:

Auszug aus: *W. Harvey* (1628): *Anatomische Untersuchungen über die Bewegung des Herzens und des Blutes in Tieren.*

Hypothesen über den Blutkreislauf

„… da fing ich denn an, mit mir zu Rate zu gehen, ob ihm (dem Blute) etwa eine Bewegung gleichsam im Kreise eigentümlich ist. Ich habe sie später als wahr befunden …

Damit uns aber nicht irgend jemand nachsagt, wir bieten nur Worte und stellen nur köstliche Behauptungen ohne irgendwelche Begründung auf und wir führen Neuerungen ein ohne triftigen Grund, so kommen drei Sätze zu bestätigen, aus deren Aufstellung diese Wahrheit meines Erachtens zwingend folgt und die Sache sich offenkundig ergeben wird: Erstens, dass das Blut ununterbrochen und anhaltend aus der Hohlvene in die Arterien in so großer Menge durch den Herzschlag hinübergeleitet wird, dass es durch die aufgenommene Nahrung nicht nachgeliefert werden kann und so, dass die gesamte Menge binnen kurzer Zeit dort hindurchgeht; zweitens, dass das Blut gleicherweise ununterbrochen und anhaltend in jedes beliebige Glied und jeden Körperteil mittels des Arterienpulses hineingetrieben wird und eintritt in einer viel größeren Menge, als dies für die Ernährung genügt bzw. als durch den Gesamtvorrat nachgeliefert werden könnte; und ähnlich drittens, dass die Venen selbst dieses Blut immerwährend in das Herz zurückführen. Wenn dies sichergestellt ist, wird es meiner Meinung nach greifbar werden, dass das Blut aus dem Herzen in die Gliedmaßen und von hier wieder zurück in das Herz kreist, zurückrollt, vorwärts getrieben wird, zurückströmt, und so gleichsam eine Art Kreisbewegung vollführt. …

Aufgaben:

a) Gib Harveys Annahmen zum Blutkreislauf mit eigenen Worten wieder.
b) Zeichne den Blutkreislauf, wie Harvey ihn sich vorstellte.

V./M 6	**Beobachtungen an Venen**	**EXPERIMENT**

Arbeitsmaterial:

Harveys Beobachtungen an Venen

„Damit aber diese Wahrheit offener einleuchtet, schnüre man einen Arm am lebenden Menschen oberhalb des Ellbogens wie zum Aderlaß. Durch Abstände getrennt, besonders bei Landleuten und mit Krampfadern behafteten Menschen, erscheinen gleichsam gewisse Knoten und Höckerchen, nicht nur, wo eine Abweichung besteht, sondern auch dort, wo keine vorhanden ist, und diese Knoten rühren von den Klappen her. Wenn sie derart zum Vorschein kommen, und du an der Außenseite der Hand oder am Vorderarm unterhalb eines Knotens das Blut durch Druck des Daumens oder eines Fingers von diesem Knoten bzw. von der Klappe verstrichen hast, so wirst du sehen, dass (weil die Klappe dies überhaupt verhindert) keines nachfolgen kann und das Stück Vene unterhalb des Knötchens unter dem verschobenen Finger verschwunden ist.. …"

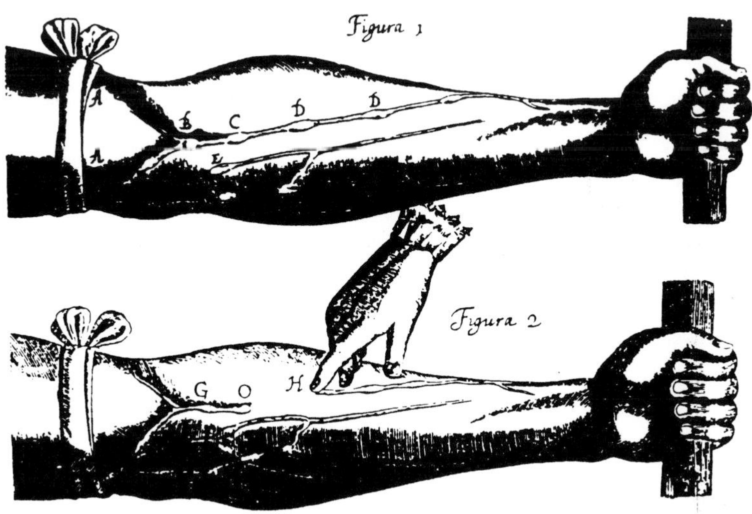

Bei diesem Versuch prüft Harvey den Blutkreislauf und zeigt, dass einige Blutgefäße das Blut zum Herzen hin-, andere das Blut vom Herzen wegführen.

Quelle: *Harvey, W.*: Die Bewegung des Herzens und des Blutes. Übers. Von R. Töply. Leipzig 1910

Aufgaben:

a) Lies den Text aufmerksam durch.
b) Führe an dir selbst folgenden Versuch durch:
  - Lass deinen Arm etwa eine Minute lang nach unten hängen.
  - Du siehst auf deinem Handrücken die Fingervenen, die nun deutlich hervortreten. Streiche nun das Blut aus der Vene, die du am stärksten siehst, mit dem Daumennagel von der Hand in Richtung Arm.
  - Lass den Daumen dann in Höhe Handgelenk auf der Vene liegen.
  - Schreibe deine Beobachtungen auf.
c) Was lässt sich aus diesem Versuch schließen?
d) Was hat Harvey wohl aus seinem Versuch geschlossen?

| **V./M 7** | **Blutkreislauf** | **Materialgebundene AUFGABE** |

Arbeitsmaterial:

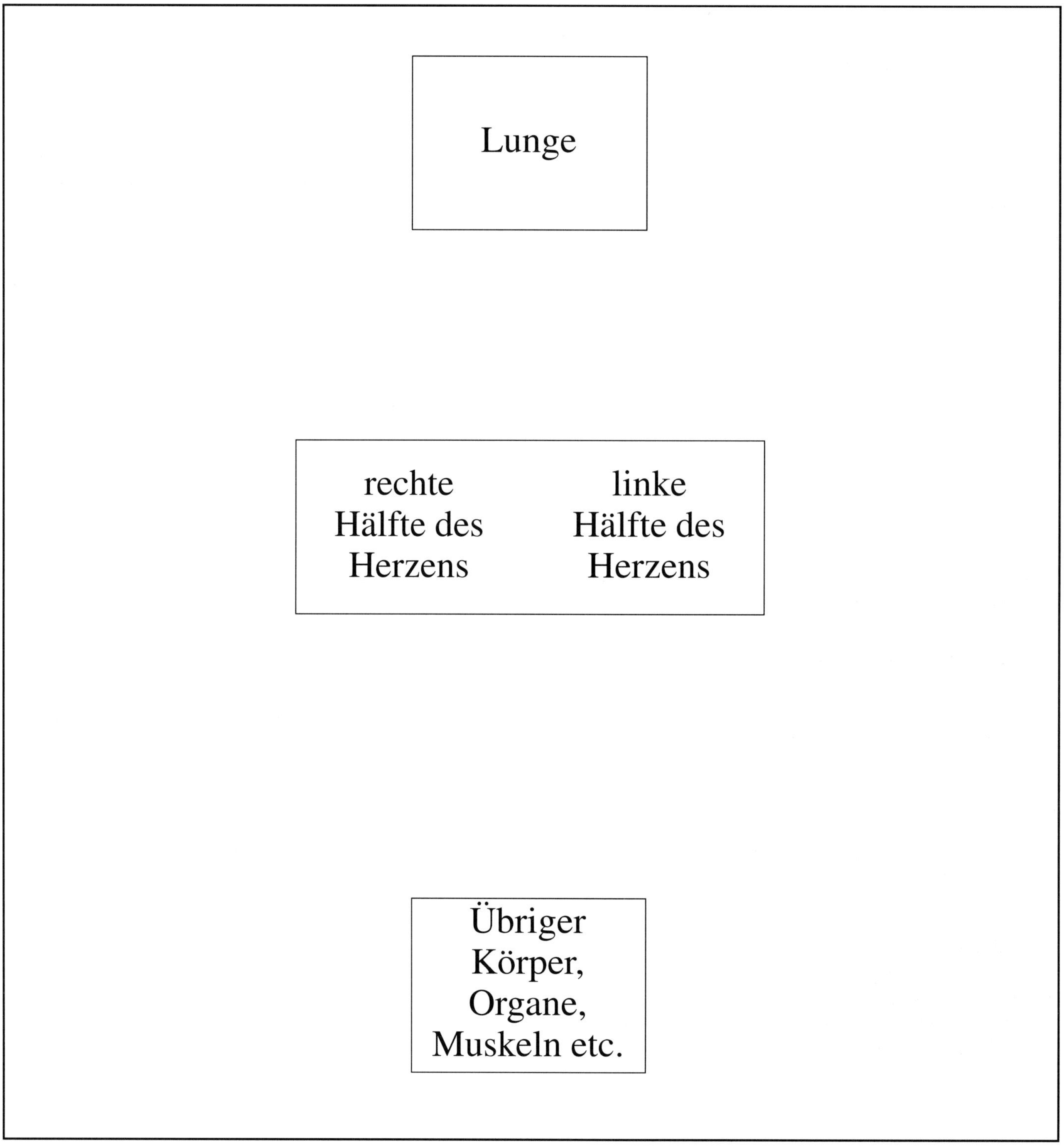

Lunge

rechte
Hälfte des
Herzens

linke
Hälfte des
Herzens

Übriger
Körper,
Organe,
Muskeln etc.

Aufgaben:

a) Zeichne den Blutkreislauf ein, ergänze durch Aorta, Hohlvene, Lungenarterie und Lungenvene.

b) Zeichne mit roten Pfeilen die Fließrichtung des sauerstoffreichen und mit blauen Pfeilen die Fließrichtung des kohlenstoffdioxidreichen Blutes ein.

c) Beschreibe die Aufgaben des Lungen- und des Körperkreislaufs. Verwende dazu die Begriffe: Lunge, Körperzellen, Sauerstoff, Kohlenstoffdioxid, aufnehmen, abgeben, Blut, transportieren.

V./M 8	Der Puls wird gemessen	EXPERIMENT

Arbeitsmaterial:

Versuchsprotokoll

Thema: Spüre deinen Puls

Material und Geräte: 1 Uhr mit Sekundenzeiger

Durchführung:
A. Lege zwei Finger (Zeige- und Mittelfinger) einer Hand auf die große Arterie deiner anderen Hand. Sie fließt auf der Daumenseite der Handgelenke. Hast du die richtige Stelle gefunden, so spürst du ein regelmäßiges Klopfen. Fühle deinen Puls eine Weile.

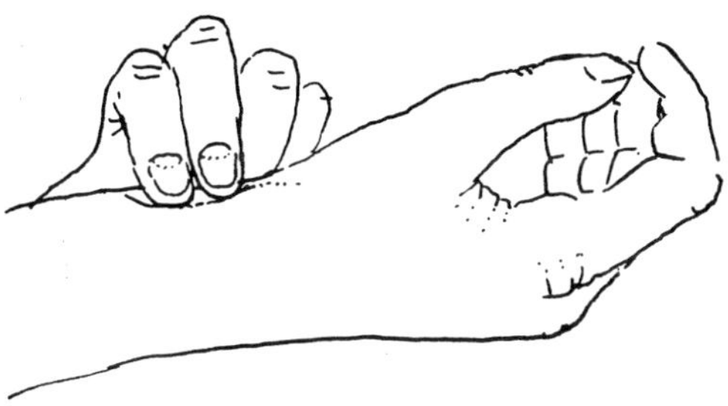

B. Miss eine Minute lang deinen Ruhepuls. Dein Partner guckt währenddessen auf die Uhr und sagt dir, wann eine Minute um ist. Notiere den Wert.

C. Mach 20 Kniebeugen, die du rasch durchführst. Miss deinen Puls und schreib den Wert auf.

D. Ruhe dich 10 Minuten lang aus und miss deinen Puls erneut. In der Wartezeit, kann dein Partner seine Messungen durchführen, während du die Uhr abliest.

E. Miss deine Pulsschläge vor und nach dem Mittagessen und notiere die Werte.

F. Miss deinen Puls nach dem Aufstehen, während du aufgeregt bist (vielleicht vor einer Klassenarbeit etc.), und vor dem Schlafengehen.

Aufgaben:

a) Lege eine Tabelle an, in die du deine Werte einträgst.
b) Überlege, wo diese Pulsschläge herrühren.
c) Erkläre, warum sich die Anzahl der Pulsschläge verändert.
d) Überlege, wieviel Pulsschläge du nachts hast.

I./M 9	**Blutdruckmessung**	**EXPERIMENT**

Arbeitsmaterial:

Versuchsprotokoll

Thema: Der Blutdruck lässt sich messen

Material und Geräte: Blutdruckmessgerät; Stethoskop

Durchführung:
A. Lege um den Oberarm deines Partners die aufblasbare Gummimanschette des Blutdruckmessgerätes.

B. Setze das Stethoskop auf und lege das andere Ende des Stethoskops auf die Arterie in der Ellenbeuge.

C. Pumpe nun die Manschette auf, diese presst den Blutfluss in der Arterie zusammen. Pumpe so lange auf, bis der Pulsschlag gerade verschwindet.

D. Öffne nun das Ventil ganz langsam, bis du mit dem Stethoskop den ersten Pulsschlag hörst. Merke dir den Wert.

E. Lass nun die Luft immer weiter ab, bis schließlich der Pulsschlag ganz verschwindet und merke dir auch diesen Wert.

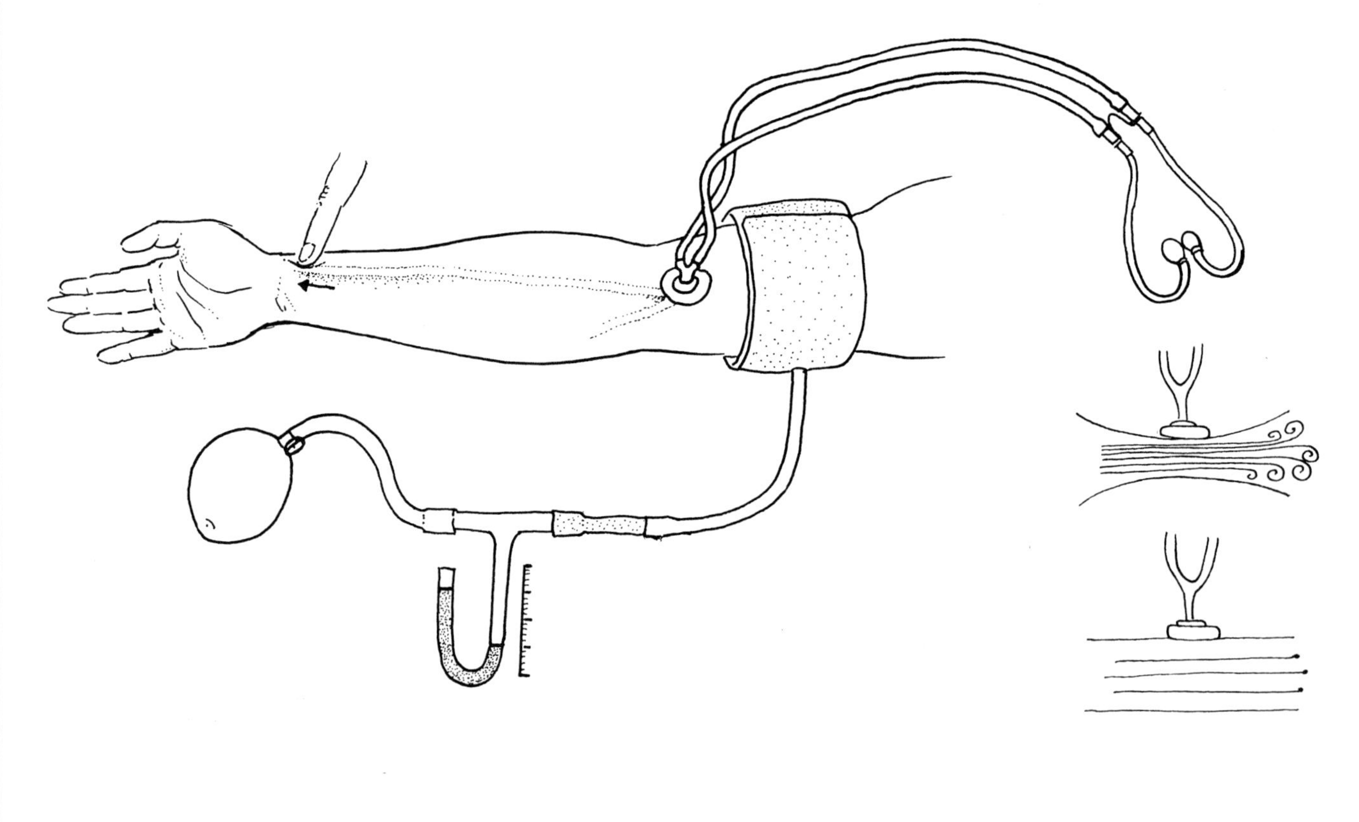

Aufgaben:

a) Ordne den beiden Werten die Begriffe Diastole und Systole zu und erkläre.
b) Informiere dich über die Bedeutung des Blutdrucks für den Gesundheitszustand des Menschen (frage deinen Arzt oder besorge dir Informationsmaterial bei deiner Krankenkasse).
c) Überlege, warum mit zunehmendem Alter der Blutdruck im allgemeinen steigt. Bedenke die Folgen.

V./M 10	**Die Lymphe und die Lymphgefäße**	**Materialgebundene AUFGABE**

Arbeitsmaterial:

Mit dem Blutstrom werden die Gewebe mit Sauerstoff, Salzen und Nährstoffen versorgt. Diese können aber nur in gelöster Form die Kapillarwände passieren. Dabei tritt ständig Flüssigkeit aus den Gefäßen aus und sickert in die Spalten und Lücken der Gewebe und umspült alle Zellen. Man bezeichnet diese farblose Gewebsflüssigkeit als Lymphe (von lat. lympha Wasser). Die Lymphe ist ähnlich zusammengesetzt wie das Blut, doch fehlen ihr die roten Blutkörperchen. Sie führt den Körperzellen Nährstoffe zu, nimmt giftige Abfallstoffe auf und spielt eine wichtige Rolle im Abwehrsystem des Körpers.

Das Lymphgefäßsystem besteht aus einem Netz von Kapillaren, die geschlossene Enden haben. Sie sehen aus wie die Finger eines Handschuhs. Die Kapillaren gehen allmählich in immer größer werdende Gefäße über. Die Lymphgefäße enthalten Klappen, so dass die Lymphe nur in eine Richtung fließen kann. Die Gefäße sammeln sich schließlich in zwei Hauptlymphstämmen, die dann in Venen münden, die in die oberen Hohlvenen eintreten.

Soweit sie nicht in die Kapillaren zurückkehrt, wird die Lymphe durch die Lymphgefäße in das Blut zurückgeführt, so gelangen etwa 15 Liter Lymphe täglich in den Blutkreislauf.

In den Gefäßen befinden sich ovale Knötchen, die man Lymphknoten nennt. Solche Lymphknoten sind im ganzen Körper verstreut. Sie bilden weiße Blutkörperchen, die Lymphozyten, und Abwehrstoffe für das Blut. In ihnen wird die Lymphe gefiltert und von Giftstoffen befreit. An Nacken, Leistenbeuge und Achselhöhle sind sie besonders zahlreich. Wenn du dich am Fuß schneidest und die Wunde sich entzündet, strömen weiße Blutkörperchen der Arterien und Venen an dem Ort der Entzündung zusammen. Dort zerstören sie dann die Bakterien. Wenn die Entzündung sehr schlimm ist, wird die Lymphe aktiv. Eine große Zahl von Lymphozyten bildet sich in der Leistenbeuge. Einige wandern zur Entzündung am Fuß. Steigen die Erreger allerdings durch die Lymphgefäße nach oben, werden die Bakterien in den Lymphknoten gefangen und zerstört. Die Lymphknoten verhindern somit, dass sich Infektionen im ganzen Körper verbreiten. Treten Infektionen vermehrt auf, so können die Knoten anschwellen. Passieren Giftstoffe die Lymphknoten, so verursachen sie lebensgefährliche Blutvergiftungen.

Aufgaben:

a) Nenne die Aufgaben der Lymphe.
b) Trage das Lymphsystem zusätzlich in das Material M 7 ein.

| V./M 11 | **Bewegung in Venen durch Pulsation benachbarter Arterien** | **Materialgebundene AUFGABE** |

Arbeitsmaterial:

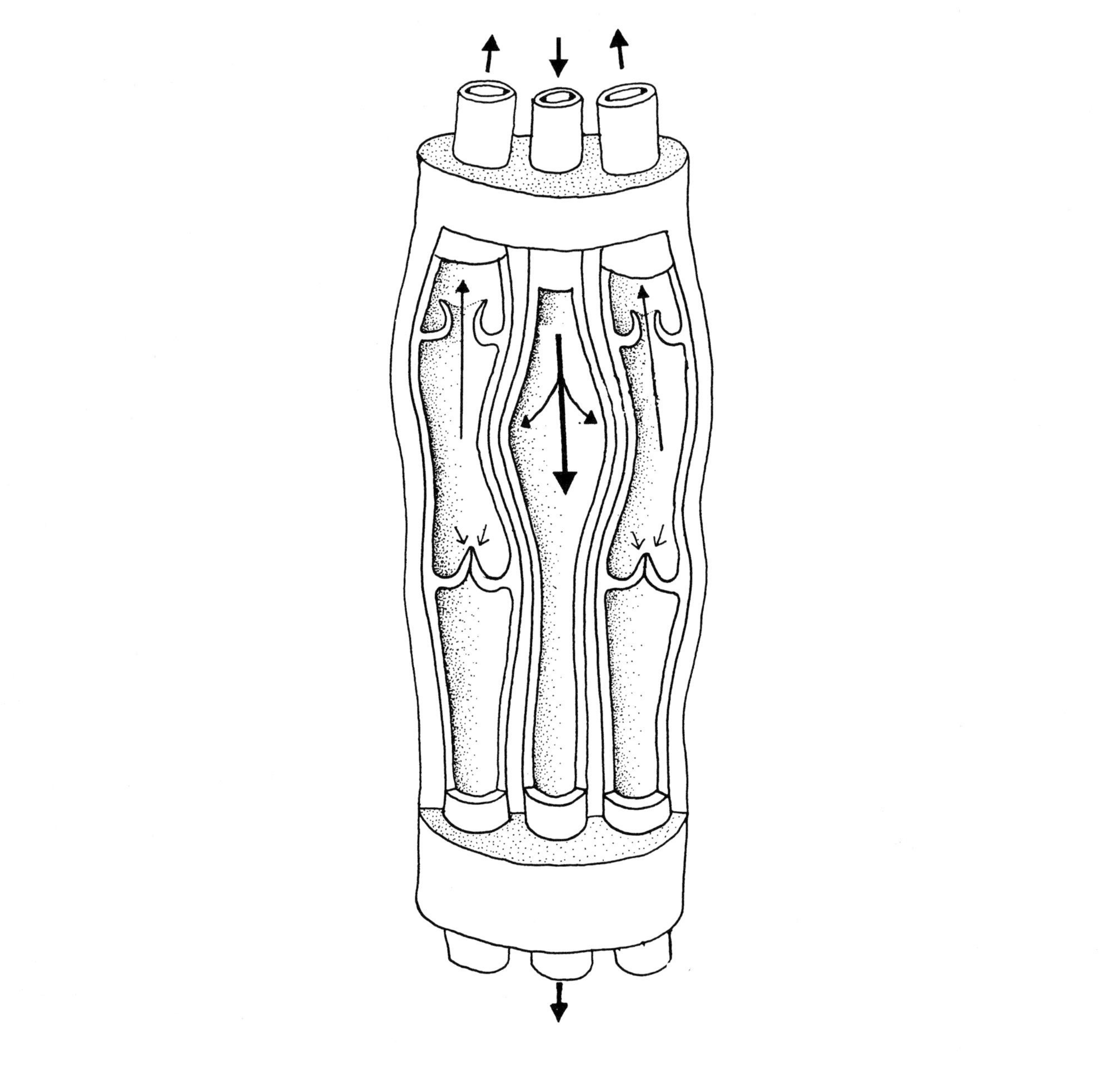

Quelle: *Speckmann, E.-J., Wittkowski, W.*: Bau und Funktionen des menschlichen Körpers. Urban & Schwarzenberg, München 1994, S.278

Aufgaben:

a) Zeichne den Blutstrom in den Venen und der Arterie farblich ein.

b) Erkläre die Vorgänge in den Venen und der Arterie.

c) Zeichne eine zweite Skizze zu dem Zeitpunkt, wenn die Pulswelle auf Höhe der zweiten Taschenklappe angekommen ist. Beachte den Stand der Taschenklappen.

d) Überlege, welche zweite Möglichkeit der Rückbeförderung des venösen Blutes noch möglich ist?

V.2.3. Lösungshinweise zu den Aufgaben der Materialien

V./M 1

a) 5 Männer stehen um einen Tierkadaver, ein Rind oder einen Esel und sezieren ihn. Einer von ihnen hat als Zeichen seiner Gelehrsamkeit einen Hut auf, hierbei handelt es sich um van Galen, wie der Schrift zu entnehmen ist. Die anderen vier werden wohl Studenten von ihm sein.
b) Es war für van Galen schwierig Aussagen über das menschliche Herz zu treffen, weil er seine Beobachtungen an Tieren machen musste und dann seine Forschungen auf den Menschen übertragen musste, da es ihm verboten war, Leichen zu sezieren.

V./M 2

b)
– das Herz wird von den Lungenlappen umfasst
– Gestalt ist zapfenförmig, läuft in eine Spitze aus
– innen hohl mit zwei deutlich sichtbaren Höhlen, rechte Seite Bluthöhle – linke Seite Lufthöhle
– das Herz ist mit zwei ohrförmigen Häuten versehen, auf jeder Seite eine
– aus dem Herz entspringen viele Gefäße, die den Körper versorgen
– es liegt in einem Herzbeutel

Galens Vorstellungen vom Herzen und der Blutbewegung

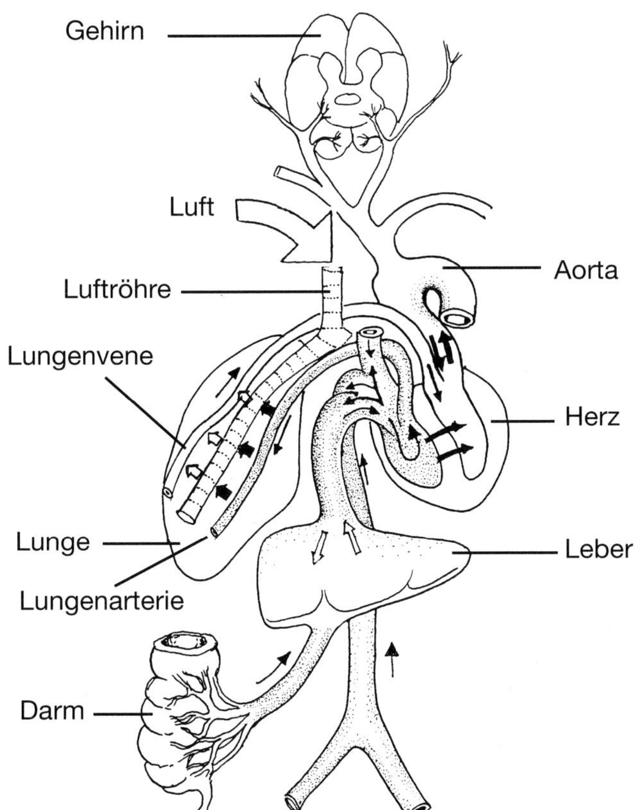

c) Das Herz schwingt in pulsierender Bewegung hin und her ausgelöst durch die Frequenz der Atmung. Je schneller man atmet, desto schneller bewegt sich das Herz und umgekehrt. Der Herzbeutel bewegt sich im Takt mit dem Herz.

V./M 3

A.: Herzkranzgefäße: Versorgung des Herzens
    Gefäßreste: Zu- und Ableitung von Blut
    Herzkammern: Blutpumpen
B.: Rechte Herzkammer: schwächere Muskulatur
    Linke Herzkammer: stärkere Muskulatur
C.: Lungenarterie: dünne Wand
    Aorta: dickere Wand
Die Aorta leitet das vom Herzen weggepumpte Blut durch den ganzen Körper, die Lungenarterie muss geringerem Druck standhalten.
E.: a) Die Segelklappe schließt sich.
    b) Die Segelklappe öffnet sich wieder.
    c) Die Segelklappe schließt sich. Gleichzeitig öffnen sich die Taschenklappen in der Aorta.
    d) Die Segelklappen regeln durch Öffnen und Schließen die Fließrichtung des Blutes.
F: Aus dem Herzen heraus.
G: Die Segelklappen der rechten Herzkammer sind dreizipflig, die der linken Herzkammer nur zweizipflig.

V./M 4

c) 1. Vorhöfe: kontrahiert; Segelklappen: voll geöffnet; Kammern: füllen sich; Taschenklappen: geschlossen
2. Vorhöfe: füllen sich; Segelklappen: geschlossen; Kammern: kontrahiert; Taschenklappen: geöffnet
3. Vorhöfe: füllen sich; Segelklappen: geschlossen; Kammern: erschlafft; Taschenklappen: geschlossen
4. Vorhöfe: kontrahiert; Segelklappen: voll geöffnet; Kammern: füllen sich; Taschenklappen: geschlossen

V./M 5

a) Das Blut zirkuliert in einem Kreislauf, Venen führen das Blut zum Herz (Annahme 1+3), Arterien führen es vom Herzen weg in jedes Körperteil (Annahme 2).
b) Zeichnung so wie heute auch.

V./M 6

b) Durch das Bestreichen der Vene wird das Blut herausgedrückt und die Vene bleibt leer. Nach dem Abheben des Fingers füllt sie sich wieder.
c) In den Venen befinden sich Klappen, die das Blut nur in Richtung Herz fließen lassen, daher bleibt die Vene beim Bestreichen leer.
d) Harvey schloss daraus, dass es Blutgefäße gibt, die das Blut zum Herzen hin und andere, die das Blut vom Herzen wegführen. Er widerlegte damit die These van Galens, dass das Blut in den Venen hin und her fließt, dass es also nur ein Leitungssystem gäbe.

V./M 7

a) + b)

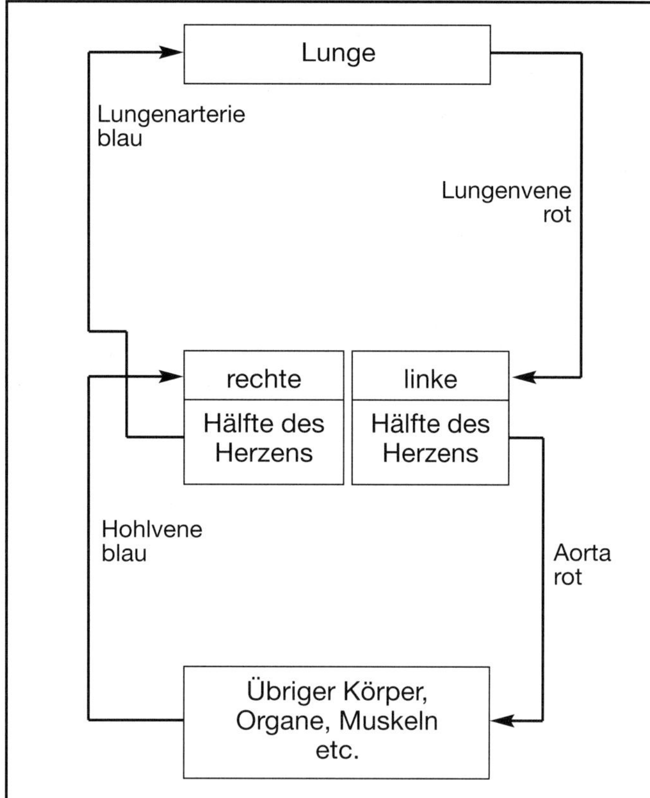

c) Beim Lungenkreislauf nimmt das vom Herzen kommende Blut Sauerstoff in der Lunge auf und gibt Kohlenstoffdioxid ab. Beim Körperkreislauf wird Sauerstoff vom Blut zu den Körperzellen transportiert und dort abgegeben. Gleichzeitig wird Kohlenstoffdioxid vom Blut aufgenommen und zur Lunge transportiert.

V./M 8

a) Minutenpuls in:

Ruhe	nach 20 Kniebeugen	nach 10 Min. Ruhe	vor dem Mittagessen	nach dem Mittagessen
nach dem Aufstehen	bei Aufregung	vor dem Schlafengehen	hypothetischer Wert nachts	

b) Bei jedem Herzschlag (Systole) erweitern sich die Gefäße und man kann den Puls messen.

c) Bei Belastung oder Anstrengung oder auch nach dem Essen beschleunigt sich der Herzschlag, weil der Körper zusätzliches Blut mit Nahrung und Sauerstoff braucht, damit die Muskeln arbeiten können.

d) Nachts schlägt das Herz so oft wie beim Ruhepuls. Die Werte können sich in verschiedenen Traumsequenzen leicht verändern, so liegen die Werte bei Alpträumen leicht über dem Ruhepuls.

V./M 9

a) Der hohe Wert entspricht dem systolischen Wert, der Moment, indem es dem Druck des Herzens gelingt, den aufgebauten Manschettendruck, der die Arterie zusammenpresst, zu überwinden. Der niedrige Wert entspricht dem diastolischen Wert, der Moment in dem das Blut wieder ungehindert fließen kann.

b) Zu niedriger Blutdruck führt dazu, dass die Gewebe unterversorgt sind (mit Nährstoffen und vor allem Sauerstoff), die Menschen fühlen sich schlapp und müde, ihnen kann auch schwindlig werden und sie haben im allgemeinen oft keine Lust etwas zu unternehmen. Durch Bewegung und vernünftige Ernährung kann oft eine Verbesserung erzielt werden.

Zu hoher Blutdruck tritt oft bei älteren Menschen auf. Die Diagnose Bluthochdruck wird laut WHO gestellt, wenn an zwei Tagen dreimal Ruhewerte über 160/95 mmHg gemessen wurden. Bei zu hohem Blutdruck besteht die Gefahr, dass die Gefäße diesem Druck auf Dauer nicht standhalten und brüchig werden.

c) Der hohe Blutdruck kann bedingt sein durch Bewegungsmangel, Rauchen, Alkohol, Übergewicht, eine salzreiche Ernährung und viel Stress. Folgeerscheinungen können Arterienverkalkung, Herzinfarkt oder Schlaganfall sein.

V./M 10

a) Die Lymphe führt dem Gewebe Nährstoffe zu, entgiftet den Körper und ist für die Abwehr von Erregern zuständig, indem sie weiße Blutkörperchen bildet.

b)

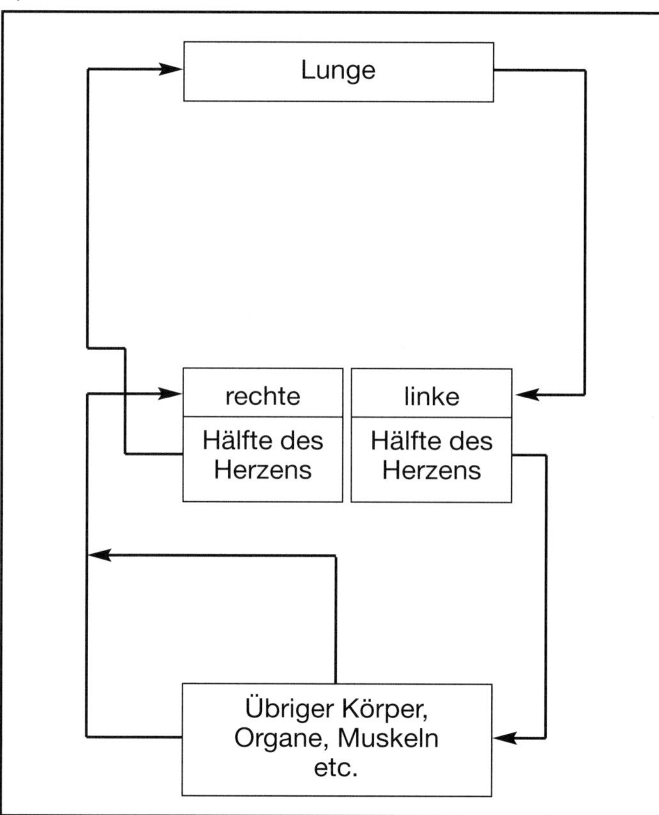

Das Lymphgefäßsystem strömt aus dem Körperkreislauf direkt in die Venen ein, es hat also nichts mit dem Herzen und auch nichts mit dem Lungenkreislauf zu tun.

V./M 11

a) Der venöse Rückstrom zum Herzen kann auf der sogenannten Muskelpumpe beruhen:
Durch den Druck der sich kontrahierenden Skelettmuskulatur auf die Venen wird die Venenwand zusammengepresst und das venöse Blut in Richtung Herzen transportiert. Venenklappen verhindern einen Rückfluss des Blutes.
Die Blutbeförderung in den Venen durch Tätigkeit der benachbarten Skelettmuskulatur:

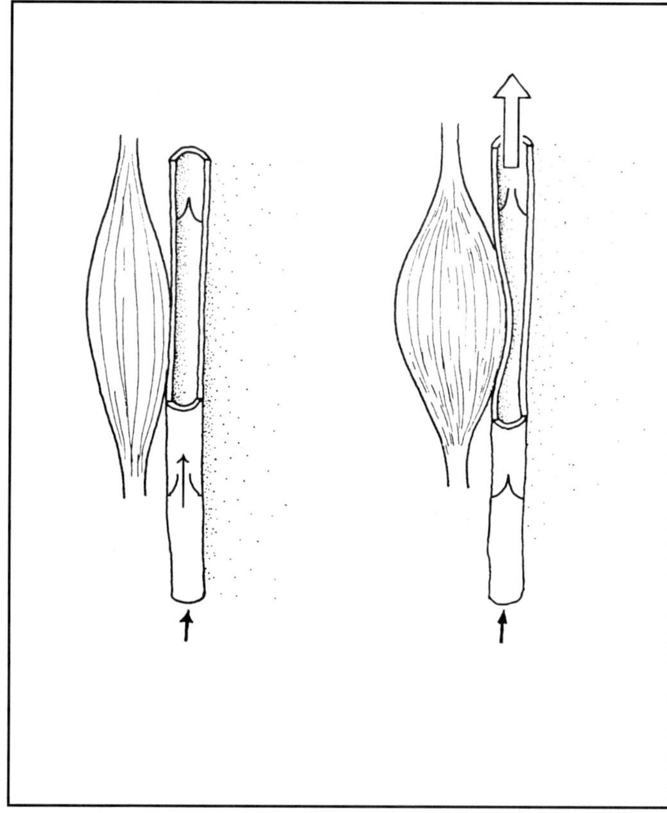

Eine weitere Möglichkeit ist die Sogwirkung des Herzens, was eindrucksvoll durch ein Modellexperiment mit einem Gummiblaseball mit zwei Öffnungen und angefärbtem Wasser demonstriert werden kann.

V.3 Medieninformation

V.3.1 Audiovisuelle Medien

FWU-Video 42 02179: Das Herz des Menschen, 14 min

Annotation: *Das Herz ist ein kräftiger Hohlmuskel, der sich durch seine enorme Leistungsfähigkeit auszeichnet. Bei einer Lebensdauer von 70 Jahren schlägt das Herz etwa 2,5 milliardenmal und pumpt dabei insgesamt 180 Millionen Liter Blut. Bau, Arbeitsweise und Funktion des Herzens werden in diesem Film beschrieben.*

FWU-Video 42 10259: Der Blutkreislauf des Menschen, 14 min

Annotation: *Basierend auf dem Film 42 10260 „Herz und Blutkreislauf" erläutert der Film zusätzlich die Blutdruckmessung, den unterschiedlichen Bau der Blutgefäße sowie den Bluttransport im arteriellen und venösen System. Am Schluss wird auf die Gefahren hingewiesen, die unserem Blutkreislauf drohen.*

FWU- Video 42 10260: Herz und Blutkreislauf, 10 min

Annotation: *Dieser Grundlagenfilm zeigt in vereinfachter Form den Aufbau und die Funktionsweise des Herzens und des Blutkreislaufs. Die Inhalte sind ausgerichtet auf den Biologieunterricht der Schuljahre 5 - 7.*

V.3.2 Zeitschriften

IPN Einheitenbank Biologie: Atmung und Blutkreislauf. Aulis Verlag Deubner & Co KG, Köln (1981)

Kattmann, U. (Hrsg.): Stoffwechsel. Sammelband in Unterricht Biologie, Jahrgang 1994, Friedrich Verlag

V.3.3 Bücher

Gehendges, F.: Kopieratlas Biologie, Menschenkunde Humangenetik. Aulis Verlag Deubner & Co KG, Köln 1992

Jahn, I. u. a. (Hrsg.): Geschichte der Biologie. Gustav Fischer Verlag, Jena 1982

Taylor, G. R.: Das Wissen vom Leben. Eine Bildgeschichte der Biologie. Droemer Knaur, München/Zürich 1963

Was ist Was?: Berühmte Ärzte. Tessloff Verlag

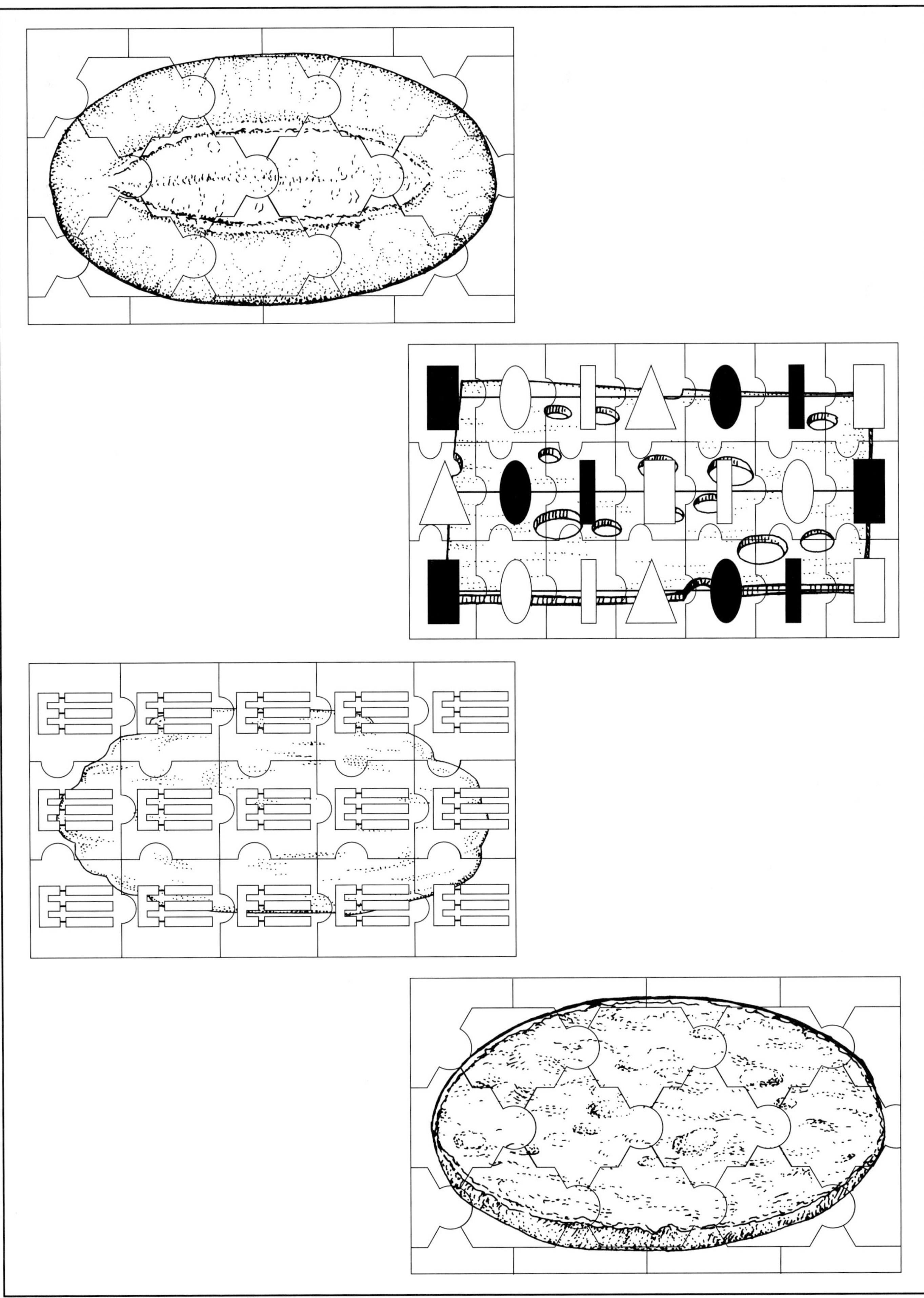